CHEERS
湛庐

给每个职场人的清醒剂

4 大规则，向浮躁的职场观宣战！

没有人为你的梦想埋单，
与其追随自己的激情，
不如脚踏实地、专注发展自己的技能和核心竞争力。

SO GOOD THEY CAN'T IGNORE YOU

优秀到不能被忽视

正确地工作胜过正确的工作　工匠思维胜过激情思维

脑力工程师 **孙路弘** 全程导读

毛大庆
UrWork（中国）创始人
万科集团原高级副总裁

姚劲波
58 同城网 CEO

陈欧
聚美优品 CEO

杜子建
天下酒仓公司董事长

吴恩达
百度首席科学家
斯坦福大学计算机系副教授

里德·霍夫曼
LinkedIn 联合创始人
兼董事会主席

凯文·凯利
《连线》杂志创始主编

丹尼尔·平克
畅销书《全新思维》
《驱动力》作者

赛斯·高汀
创业家、营销学家、
畅销书《紫牛》作者

联袂推荐

湛庐CHEERS

与最聪明的人共同进化

HERE COMES EVERYBODY

CHEERS
湛庐

SO GOOD THEY CAN'T IGNORE YOU

优秀到不能被忽视

[美] 卡尔·纽波特（Cal Newport）◎著
张宝◎译

你知道如何深度学习、高效工作吗？

扫码鉴别正版图书
获取您的专属福利

扫码获取全部测试题及答案
一起了解“工匠思维”

- “正确地工作”胜过“找到正确的工作”，这是对的吗？

  A. 对

  B. 错

- 小红是一位广告营销专员，但她决定追随自己的爱好和热情，辞职去开瑜伽馆，但最后以失败告终。小红失败的主要原因是：

  A. 没有详细的计划

  B. 没有自主力需要的技能资本

  C. 没有客源

  D. 同行竞争激烈

- 在国际象棋界，什么样的棋手更容易成为大师？

  A. 父母也是棋手的棋手

  B. 智商高于 130 的棋手

  C. 多次参加联赛有经验的棋手

  D. 花大量时间看书且在老师的帮助下找到缺点并改正的棋手

SO GOOD THEY CAN'T IGNORE YOU

目录

测试题 / I

引 言 没有人为你的梦想埋单 / 001

不要追随自己的激情

01 除了激情，乔布斯还有什么没有告诉你 / 011

02 不要急于寻找，激情是精通的副产品 / 019

03 越陷越深的困扰，都是激情惹的祸 / 027

工匠思维胜过激情思维

04 工匠思维，没人欠你一份好工作 / 037

05 职场资本，技能胜过激情 / 049

06 脱颖而出，每个人都可以成为职场资本家 / 065

07 刻意练习，努力做一名好“工匠” / 078

规则三 3

幸福来自于自主力

08 理想工作的“万灵药” / 101
09 自主力陷阱 1：资本薄弱 / 111
10 自主力陷阱 2：关键障碍 / 117
11 要做有人愿意埋单的事情 / 127

规则四 4

使命感带来意义

12 有意义的使命与有价值的人生 / 137
13 在前沿地带找到使命感 / 145
14 使命需要“小赌” / 156
15 要么引人注目，要么默默无闻 / 169

结 语 正确地工作胜过正确的工作 / 181
后 记 我如何创建自己热爱的工作 / 185
附 录 他们如何做到 / 207
致 谢 / 215
译者后记 / 217
阅读指南 精读指路人：脑力工程师 孙路弘 / 221

SO GOOD THEY CAN'T IGNORE YOU

引言

没有人为你的梦想埋单

"'追随自己的激情'这个建议很危险。"

托马斯（Thomas）是在一个令人意想不到的地方悟出了这一点。当时，他正行走在一条林间小道上，穿过特伦佩尔山（Tremper Mountain）南部盆地周围的橡树林。这片93万平方米的树林是禅山寺（Zen Mountain Monastery）的财产。寺院的僧人们自20世纪80年代以来便扎根于卡茨基尔山脉（Catskill Mountains）的这一角，而那条小道只是穿越其中的众多小道之一。托马斯是寺里的俗家弟子，正在进行为期两年的住寺修行，这段修行已完成了一半。一年前，正是出于自己多年以来对理想工作的幻想，他来到了这里。他追随着自己对禅宗的激情，躲进了与世隔绝的卡茨基尔山脉，希望借此得到幸福。然而，那个下午，在那片橡树林里，他却哭了起来——幻想在周围破灭。

“我一直在问‘人生的意义何在？’”托马斯对我说。在马萨诸塞州坎布里奇市的一家咖啡馆里，我第一次见到了他。那时，距离他在卡茨基尔山里的“觉悟”已过去数年。但是，他仍清晰地记得自己的觉悟历程，并渴望与人谈起，似乎想用倾述来把萦绕在这段纠结往事里的梦魇驱走。

通往幸福的道路并不好走

托马斯是哲学和神学双学士，还拿到了比较宗教学的硕士学位。此后，他认定禅修是获取人生意义的关键。“我所研究的哲学和佛学之间有着如此多的交集，于是心想干脆直接去修行来解答人生吧。”他这样告诉我。

然而，毕业之后，迫于生计，托马斯从事了各种职业。他曾在韩国中部的工业城市龟尾市（Gumi）教了一年英语。对于很多人来说，在东亚生活可能听起来很有浪漫色彩，但对托马斯来说，异国的神秘色彩很快褪去。“每个周五晚上下班之后，男人们会聚在街上的大排档里，那些小店通常都在连着帐篷的大车里，”托马斯对我说，“他们聚在一起喝烧酒，一直喝到很晚。冬天的时候，还会有蒸汽从这些帐篷里、从这些喝酒的男人身上冒出来。不过，我记得最多的就是，第二天大街上到处都是风干的呕吐物。”

为了自己的追求，托马斯穿行了中国，并在南非待了一段时间，还到过其他一些地方，最后在伦敦做着相当无聊的数据录入工作。在此期间，托马斯一直呵护着自己的信念：佛学就是自己获得幸福的关键。慢慢地，这份梦想让他产生了出家的想法。“对于禅修和禅寺生活，我产生了奇妙的幻想，”他向我解释道，“对我来说，它甚至就代表着梦想成真。”与之相比，其他所有工作都黯然失色。于是，他决心追随自己的激情。

正是在伦敦期间，他第一次听说了禅山寺，并立即被它的庄严肃穆所吸引。“这些人真正是在热忱而虔诚地修禅。”他回忆道。内心的激情让他坚信：禅山寺就是他的归宿。

托马斯花了 9 个月时间才完成申请。在得到前往寺中生活、修行的许可之后，他来到肯尼迪机场，然后上了一辆大巴，前往卡茨基尔山的郊野。车开了三个小时。在脱离城市外围之后，大巴穿过一个又一个古朴的乡镇，而风景也变得“愈加美丽”。最后，大巴来到象征主义画作般的特伦佩尔山脚下，并在一个十字路口停下。托马斯下了车，然后从那儿沿路步行到寺院入口。入口由两扇铁门把守。铁门大开，等待新人的到来。

踏上空地，托马斯来到了主建筑前。这是一座由教堂改造而成的 4 层楼房，是用当地的青石和橡木建成的。“这便似大山奉献己身，化作容纳灵修之所。”该寺僧人在官方资料中如此描述这栋建筑。推开两扇橡木门，迎接托马斯的是一名僧人。他的任务就是接待新人。一番努力之后，托马斯终于能够向我描述出他当时的感受。他是这样描述的：“感觉就像一个饿汉知道自己就要吃上一顿大餐。那个时候，对我来说就是这样。”

托马斯的僧侣生活开始得相当顺利。他住的那间小木屋就在主建筑后面的林子里。刚来时，他曾问一名在同样的小木屋里住了超过 15 年的老僧，是不是走腻了住所和主建筑之间的那条小道。“我才刚开始注意到它。”老僧慎重答道。

在禅山寺，每天修行的开始时间随四季的变化而调整，最早为清晨 4 点半。僧人们在肃静中以 40~80 分钟的冥想来迎接早晨的到来。身下的坐垫在大堂里摆放得“如几何图形般齐整”。大堂前面，透过哥特式的窗户，可以看到外面壮观的景致。但是，坐垫上的冥想者们由于身子太低，根本看不到窗外。两名大堂巡视员坐在房间的后面，偶尔在坐垫间来回走动。托马斯解释道：“如果觉得自己要睡着了，你可以要求他们用棍子敲你一下。那根棍子就是用来干这个的。”

早餐也是在大堂吃的。之后，每个人都会领到任务。托马斯的任务是打扫房屋，包括扫厕所、挖水沟等，但也会被派去负责寺里印刷刊物的平面设计——有点穿越的感觉。通常，接下来是更多的冥想、与资深修行者的晤谈以及大都冗长而玄虚的佛法讲座（Dharma lectures）。每天晚饭前，僧人们都会有片刻的休息。托马斯通常利用这段喘息的时间去把他屋里的柴炉点着，为度过卡茨基尔山寒冷的夜晚做准备。

托马斯在修行中遇到的第一个困难是公案（koans）。在禅宗的传统中，公案是一种字谜，一般以一个故事或问题的形式呈现。它们注定没有理性的答案，从而迫使你通过一种更为直觉的方式来理解现实。在给我解释这个概念时，托马斯举了一个他在早期修行时遇到的例子：“给我找一棵在大风中纹丝不动的树来。”

“我根本就不知道怎么回答。”我抗议道。

“在做晤谈时，”他解释道，“你必须立刻回答出来，不能思考。如果你像刚才那样停顿了，他们就把你踢出屋外。晤谈就结束了。”

“好吧，我可能就被踢出去了。”

“我给了这样一个答案，然后就过关了，”他说，“我像棵树那样站着，然后手轻轻地挥着，就像是在风里，对吧？我要表达的意思就是，这是一种只可意会而无法言传的概念。”

初级修行者刚开始会遇到几大难关，其中之一便是“无”字公案（Mu koan），而此关是禅宗佛教“八大法门”之首。没达到这层境界，你就不会被当成一名真正的修行弟子。托马斯似乎很不情愿给我讲解这个公案。这种情况我在之前研究禅宗时也遇到过：这些谜题无法用理性来思考，因此向非修行者描述起来会相当费劲。有鉴于此，我没有向托马斯逼问具体的内容，而是上网搜索了一下。查到的内容如下：

> 僧问赵州："狗子还有佛性也无？"
>
> 州云："无。"

"无"即"没有"。根据我所查到的阐释，赵州并没有回答僧人的问题，而是反过来把问题推给了发问者。托马斯为此潜心研究了几个月，才艰难地在这则公案上过了关。"我在这则公案上参来参去，"他告诉我说，"甚至睡着时也想着它，我的整个身心都被它占据了。"

后来，他参透了。

"一天，我正走在林子里。走了一段时间后，我开始一直看着树叶，然后那个'我'就消失了。我们都经历过这样的事情，但没把它想得多重要。不过，当这个经历发生在我身上时，我已经有了准备，于是茅塞顿开。我悟到，这就是这则公案的全部奥义。"托马斯一眼看穿了世间万物本质上是统一的，而这种统一性构成了佛教对这个世界的核心理解。正是这个统一性回答了那个公案。托马斯很兴奋。当再一次跟一名老僧人进行晤谈时，他做了一个手势（"一个可能每天都会做的简单手势"）来表明他已经对公案的解答有了觉悟。靠着这个手势，他通过了第一道"法门"，正式成为一名真正的禅宗弟子。

过了"无"字公案这关后不久，托马斯便对激情产生了前面提到的"觉悟"。当时，他正行走在之前他参透公案的那片树林里。有了对"无"字的领悟，他开始慢慢理解以前懵懵懂懂的那些佛法讲座——大多数时候都是老僧们讲的。"走在那条小道上，我意识到这些讲座都是在讲和'无'字公案一样的东西。"托马斯说。换句话说，这就是道。这就是做一名禅僧的人生意义：在这一点、这条核心领悟上进行逐渐深入的冥思。

他达到了激情的顶峰。现在，他可以称自己是名副其实的禅修者。然而，他并没有感受到幻想中的那种纯净的平和与幸福。

“现实就是，什么都没改变。我还是和以前完全没什么两样，还是同样的不安和忧虑。那是一个周日下午，我突然悟出了这点，然后便哭起来了。”

追随着自己的激情，托马斯来到了禅山寺。和很多人一样，他相信：要获得幸福，关键在于找到真正感召自己的事业，然后投入所有的勇气去追随它。但是，正如托马斯在那个周日下午、在那片橡树林里的经历所说明的，这种信念极其幼稚。他当上了全职的禅修者，实现了自己的梦想，但这并没有奇迹般地让他的人生变得美好。

与托马斯一样，我们发现，通往幸福的道路（至少关系到你的谋生之道）并不好走，它并不是简单回答下面这个经典问题：“我的人生应当怎样度过？”

职业探求开始了

2010 年夏天，一个简单的问题开始困扰着我：为什么有的人最终爱上了自己的事业，而有的人却做不到这一点？正是这个困扰让我接触到像托马斯这样的人。他们的经历帮助我夯实了自己长久以来认为是正确的一个想法：**在打造自己热爱的工作方面，追随激情的建议并不是特别有用。**

我之所以沿着这个方向开始研究，原因是在 2010 年夏天，也就是这个念头开始发酵的时候，我是麻省理工学院的一名博士后—— 一年前刚获得了该校计算机科学的博士学位。当时，我的打算是做一名教授。在像麻省理工学院这类学校的研究生项目中，当教授被认为是唯一会受人尊敬的出路。如果不出意外，教授一职会是终身职位。换句话说，2010 年的我正在规划我的第一份、也许也是最后一份职业。如果说每个人都曾有段时期来搞明白自己在职业上的激情所在，那我的就是那段时间了。

在这期间，我更需要考虑的是一个非常现实的可能性，那就是，我可能最后根本成不了教授。就在与托马斯见面后不久，我和导师进行了一次会面，讨论我寻找教职的事情。“你愿意去多差的学校？”他上来就问。学术就业市场从来都很残酷，而在 2010 年，由于经济仍在衰退，就业情形尤其艰难。

更麻烦的是，我的研究方向这些年来并不总是那么热门。在我做博士论文的这个组里，最近毕业的两名学生都去了亚洲当教授，而上两个博士后出站的人分别去了瑞士的卢加诺（Lugano）和加拿大的温尼伯（Winnipeg）。“不得不说，我觉得整个过程相当艰难、压力大而且令人沮丧。”其中一名学生跟我说。我和妻子都想留在美国，而且最好是在东海岸。这样一来，我们的选择余地就大大减少了。因此，我不得不面临一个很现实的可能性：我寻找教职的结果也许会是一场空。这迫使我不得不从根本上重新思考要如何度过我的人生。

这就是我研究开始时的背景。我最后把这个研究过程称为“我的探求”。我的问题很清晰：人们如何才能最终爱上自己的事业？而我需要一个答案。

我希望这些见解能让你摆脱“追随自己的激情”、“做你爱做的事”这类简单口号的影响。如今，在这类口号的推波助澜下，很多人产生了职业困惑并深受其害。我还希望通过这些能给你指明一条现实的途径，帮助你打造一个有意义、有吸引力的职业生涯。

阅读手记

精读引路人：孙路弘

（此人资料太多，说法不同，请参考百度）

作者

追随自己的激情

托马斯

状况

事件：幻想在周围破灭

禅山寺

20世纪80年代

一年前到达

一个下午：哭了

经历

足迹：韩国 中国 非洲伦敦

1. 禅山寺就是归宿

2. 第一个困难：公案

3. “无”这个字

4. 真正的禅宗弟子

5. 名副其实的禅修者

2010年

课题：爱上自己的事业

获得博士学位

显示工种、教职

作者的探求……

做你爱做的事情，这是一个口号，这个口号影响了你吗？

职场资本笔记

SO GOOD THEY CAN'T IGNORE YOU

规则一
不要追随自己的激情

WHY SKILLS TRUMP PASSION IN THE QUEST FOR WORK YOU LOVE

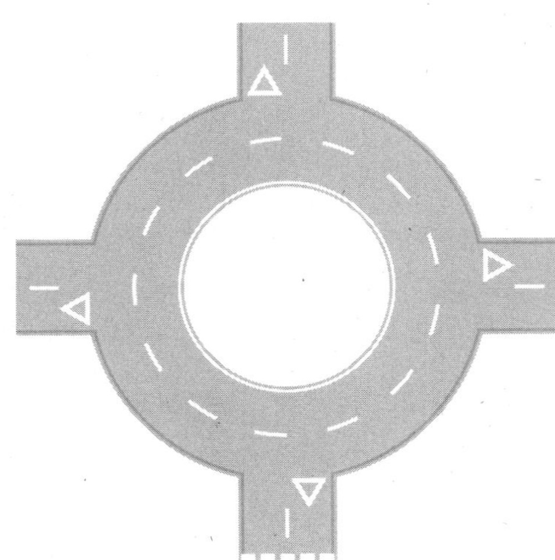

SO GOOD THEY CAN'T IGNORE YOU

- 我们越是关注于热爱自己所做的事情，最后越不喜欢去做。
- 在做所有事情之前，总是试图抽象地作出评判，这是一个可悲的错误。
- 对于自己想做什么，我真的很困惑，困惑到连自己付出了什么代价都没有意识到。
- 人们总是急于开始生活，但这是个悲哀。
- 要在某方面有所擅长，但这需要时间。

01

SO GOOD THEY CAN'T IGNORE YOU

除了激情，乔布斯还有什么没有告诉你

“做你爱做的事，钱就来了”

2005 年 6 月，史蒂夫·乔布斯站在斯坦福体育场的讲台上，准备向斯坦福大学的毕业生们发表演讲。乔布斯穿着牛仔裤和拖鞋，罩着一件毕业袍，面对 23 000 人做了一个简短的演讲，主题是自己人生中的经验教训。演讲进行到大概三分之一处时，乔布斯提出了下面这条建议：

> 你需要找到你所爱的东西……成就大事的唯一方法就是热爱自己所做的事。如果你还没有找到，那么继续找，不要停下来。

演讲结束时，全场起立鼓掌。

虽然乔布斯的致辞涵盖若干不同的经验教训，但他强调要做自己热爱的事情这一点被放到了突出的位置。例如，在有关此事的官方新闻稿中，斯坦福大学通讯社报道说，乔布斯“督促毕业生追求自己的梦想”。

不久，一份非官方的演讲视频被放到了视频网站上，之后像病毒般传播开来，并且获得了超过350万的点击量。后来，斯坦福大学官方发布的视频又获得了300万的点击量。人们对这两个视频的评论集中在“热爱自己的工作”的重要性上，总结起来有下面这几种反应：

- “最宝贵的经验就是要找到自己的人生目标、追随内心的激情……人生苦短，不能一直做着自以为必须得做的事情。”
- “追随自己的激情——人生是给活着的人的。”
- “激情是生活的动力。”
- “对自己的工作怀有激情才是最重要的。”
- “‘不要停下来。’阿门。”

换句话说，在这份演讲的数百万观众当中，很多人兴奋地看到，乔布斯这位打破常规思维的大师认同了一条我称之为“激情假设”的诱人的热门职业建议。激情假设认为，要获得职业幸福，关键是首先搞清楚自己的激情所在，然后找到一份与这种激情相匹配的职业。

这个假设是当今美国社会最老生常谈的话题之一。我们这代人有幸可以选择如何度过自己的人生，但从小耳边就充斥着这种信息：要崇拜那些勇于追随激情的人，而同情那些安分守己、循规蹈矩混日子的人。

这种信息无孔不入。要是不信，下次去书店时，你可以花几分钟时间浏览一下“职场建议”书架。略过简历撰写和面试礼仪方面的指导手册，没一本书不在推销这种激情假设。这些书有着诸如《职业匹配：连接自我和理想工作的桥梁》（*Career Match: Connecting Who You Are with What You'll Love to Do*）、《做自己：透过人格类型奥秘，发现属于你的完美职业》（*Do What You Are: Discover the Perfect Career for You Through the Secrets of Personality Type*）之类的书名，并且许诺只需要做几个人格测试就能找到梦寐以求的工作。最近，一种更具杀伤力的新型激情假设正传播开来。它绝望地声称：就本质而言，传统的"隔间式工作"（cubicle jobs）是糟糕的；而且，在激情的要求下，个人得自谋生路。这些书有着类似《逃出格子国》（*Escape from Cubicle Nation*）这样的书名。正如一条评论所描述的，这本书"教了一些小窍门来哄自己开心"。

SO GOOD THEY CAN'T IGNORE YOU 关键词

激情假设（The passion hypothesis）

要获得职业幸福，关键是首先搞清楚自己的激情所在，然后找到一份与这种激情相匹配的职业。这种假设既是错误的，也是有潜在危害的。

此类书籍以及成千上万的全职博主、专业顾问，以及绕着职场幸福的核心问题打圈圈还自称大师的人，全都兜售着同样的内容：要想幸福，你必须追随自己的激情。正如一位出色的职业规划师告诉我的，"做自己爱做的事，钱就来了"，这已经成为职业咨询这行实际的座右铭。

SO GOOD THEY CAN'T IGNORE YOU 职场竞争力

这里存在一个问题：撇开这些让你自我感觉良好的口号，如果我们仔细研究一下像乔布斯这样有激情的人物真正是如何开始自己的事业的，或者问问科学家们能够影响职业幸福感的究竟是什么，那么问题便不那么简单了。你会开始发现一些不对的苗头。稍加推敲，看似言之凿凿的激情假设便土崩瓦解。最后，你会不安地认识到："追随自己的激情"或许只是个糟糕的建议。

大约是在完成研究生学业后的过渡期间，我开始推敲这些苗头。最后，我彻底否定了激情假设，并且开始探索哪些方面对打造自己热爱的工作才是真正重要的。规则一专门针对激情展开论述，因为"'追随自己的激情'是个糟糕的建议"这条认识是后面所有内容的基础。也许最好的切入点就是开头提到的乔布斯的真实故事以及苹果公司的创立过程。

别听他说的，看他做的

假如你在苹果公司创立前见过年轻时的乔布斯，可能就不会把他归为热衷于创立科技公司的人。乔布斯曾就读于里德学院（Reed College），这是俄勒冈久负盛名的文科"飞地"。上学期间，他留起了长发，并且养成了光脚走路的习惯。与同时代的其他科技先知不同，学生时代的乔布斯对商业和电子都不怎么感兴趣，而是喜欢研究西方历史和舞蹈，还对东方神秘主义有所涉猎。

入学一年后，乔布斯辍学了，但仍在校园里待了一阵子：睡在地板上，去当地的克利须那神庙（Hare Krishna temple）[①]蹭饭吃。他的特立独行使其成为一个校园名人，用现在的话来说，就是一朵"奇葩"。杰弗里·扬（Jeffrey S. Young）在1988年出版了一本调查详尽的传记《史蒂夫·乔布斯：过程即是奖励》（*Steve Jobs: The Journey Is the Reward*）。他在书中写道，乔布斯最终厌倦了靠救济生活，并于20世纪70年代初回到加利福尼亚的父母家中，给自己在雅达利找了一份夜班工作。这家

① 克利须那教派是印度教派之一。——译者注

公司之所以引起他的注意，是因为他们登在《圣何塞信使报》（*San Jose Mercury News*）上的广告写着“好玩又赚钱”。在此期间，乔布斯把时间都花在了雅达利以及大同农场（All-One Farm），后者是一家位于旧金山北部的乡村公社。他曾几个月没去雅达利上班，而是去印度进行一场托钵僧式的精神之旅。一回到家，他便去了附近的洛斯拉图斯禅修中心（Los Altos Zen Center），开始认真修行。

1974 年，在乔布斯从印度返回之后，当地一名叫亚历克斯·卡姆拉特（Alex Kamradt）的工程师（也是一名企业家）开了一家叫接入电脑（Call-in Computer）的计算机分时服务公司。卡姆拉特找来史蒂夫·沃兹尼亚克（Steve Wozniak），想设计一个终端设备，用来让客户接入他的中央计算机。与乔布斯不同，沃兹尼亚克是个真正的电子高手，他痴迷于科技，而且在大学里系统地学过相关知识。不过，另一方面，沃兹尼亚克对商业一窍不通。于是，他让老朋友乔布斯来处理相关的细节安排。一切进展得很顺利，直到 1975 年秋天。那个时候，乔布斯离开了一段时间，因为他要去大同农场。可惜他没告诉卡姆拉特这件事。等回来时，他的位置换成了别人。

讲这个故事的原因是，这些行为并不常在热衷于科技和创业的人身上出现，然而此时距离乔布斯创立苹果公司不到一年。换句话说，在创立他那梦幻公司之前，乔布斯是个有点矛盾的年轻人：他追求心灵上的启迪，而接触电子行业不过是为了赚点快钱。

就在这一年的晚些时候，带着这种心态的乔布斯偶然迎来了他的人生转机。他注意到，当地的计算机迷兴奋于套装电脑（model-kit computer）的出现，这些发烧友们可以在家里组装电脑了。对于这种令人兴奋的事物，不止他一个人注意到其发展潜力。一个雄心勃勃的年轻哈佛大学学生看到杂志《大众电子》（*Popular Electronics*）的封面上出现了第一台套装电脑。后来，他成立了一家公司来给新机器开发一套 BASIC 编程语言，并最终辍学去经营事业。他给他的新公司起名叫“微软”。

乔布斯竭力让沃兹尼亚克接受了自己的想法：设计这种套装电脑的电路板，然后卖给当地的爱好者。他们最初打算每块板子花 25 美元的成本制作,然后以 50 美元卖掉。乔布斯总共想卖 100 块电路板。这样一来，除去板子的印制成本以及最初的 1 500 美元设计费，他们还能小赚 1 000 美元。不管是沃兹尼亚克还是乔布斯，他们都没有丢下正常工作，这完全是他们在业余时间搞的一个低风险项目。

但是，从这一刻起，故事便迅速向传奇方向发展。乔布斯光脚来到了字节商店（Byte Shop）。这是保罗·特雷尔（Paul Terrell）在山景城开的一家具有先锋意义的电脑店。乔布斯向特雷尔推销电路板。特雷尔不想要纯电路板，但他说会买组装好的电脑。每台电脑出 500 美元，而且要 50 台，尽快发货。乔布斯迫不及待地抓住这个赚大钱的机会，开始四处借钱、筹集启动资金。正是这个不期而遇的“苹果”砸中了乔布斯的脑袋——苹果公司诞生了。正如扬所强调的：“**他们的计划很谨慎，都是些小打小闹。他们并不梦想着征服整个世界。**”

“追随自己的激情”是危险的

与大家分享乔布斯故事的细枝末节，是因为细节事关能否找到让人有成就感的工作。假如年轻时的乔布斯接受了他自己的建议，并且决心只做自己热爱的工作，那么我们今天可能就会看到洛斯阿图斯禅修中心多了一位广受欢迎的老师；但他并没有听从这个简单的建议。毫无疑问，苹果公司的诞生并不是出于激情，而是出于一个幸运的转机，是“小打小闹”结出的意外的硕果。

SO GOOD THEY CAN'T IGNORE YOU

职场竞争力

我毫不怀疑乔布斯最后对他的工作产生了激情：如果看过他那些著名的主题演讲，你会看到一位显然热爱自己工作的人。然而这又如何呢？所有的一切告诉我们的只不过是，能享受自己所做的事情，这很好。这条建议虽说不错，但也近乎废话，并不能帮助解答那个我们真正关心的、迫切需要解决的问题：如何找到我们最终会热爱的工作？我们是否应该像乔布斯那样拒绝停留在一个固定的职业上，转而尝试大量的小型方案，然后等其中一个突然成功？在一个大的领域进行探索重要么？怎样知道何时该坚持、何时该放弃某个项目？换句话说，乔布斯的故事回答了某些问题，却产生了更多的问题。也许唯一明确的是，至少对乔布斯而言，“追随自己的激情”这条建议并不是特别有用。

阅读手记

精读引路人：孙路弘

人物小档案

人名　史蒂夫·乔布斯

时间　2005年6月

身份　苹果公司董事长、CEO

事件　斯坦福大学毕业生演讲

核心观点　追随自己的激情——人生是给活着的人的

激情是生活的动力

对自己的工作怀有激情才是重要的

除了激情，乔布斯还有什么没有告诉你？

好玩又赚钱的广告语

离开工作去大同农场

喜欢西方历史和舞蹈

涉猎东方神秘主义

业务时间的所作所为

低风险项目

谨慎，小打小闹

演讲中所说的激情：是最初推动人行为的动力，还是渐渐明确起来后自我意识到的动力？

激情表现的对象从最初就未变过，还是一直在变，直到条件成熟才稳定下来？

职场资本笔记

02

SO GOOD THEY CAN'T IGNORE YOU

不要急于寻找，激情是精通的副产品

人们总是急于开始生活，但这是个悲哀

其实，在从事着有趣职业的那些有趣的人当中，乔布斯寻找满意工作的复杂历程还是很常见的。2001 年，4 个刚大学毕业的朋友开始了一段横穿全国的公路之旅，去采访那些“围绕着对自己有意义的东西而生活”的人。这群朋友向那些人请教如何把自己的职业塑造得令人满足，并把这次旅行拍成了一个纪录片，后来扩充成一部系列片在美国公共电视网（Public Broadcasting Service，PBS）上播放。最终，他们成立了一个叫“寻路之旅”（Roadtrip Nation）的公益组织，旨在帮助其他年轻人复制他们的旅行。“寻路之旅”的重要性在于，它保存了一个庞大的视频资料库，里面有为这个项目而做的大量采访。对于人们最终如何找到一份有吸引力的职业，如果想深入了解其中的真实情况，这可能是最好的资源。

只要花些时间看看这份档案（网上可以免费观看），你很快就会注意到：乔布斯的历程所具有的复杂性，与其说是个例外，不如说是个规律。例如，在对公共电台主持人艾拉·格拉斯（Ira Glass）的采访中，就如何“搞清楚自己想要什么”和“知道自己将来擅长什么”，三名大学生迫切地想知道他的看法。

“在电影里，人们会说，你应该去追求自己的梦想。”格拉斯对他们说，“但是我不信那一套。事儿是一步一步做的。”

格拉斯强调，要在某方面有所擅长，这需要时间。他还详述自己花了多少年去熟悉电台，才得到一些不错的选择。“**关键是，要强迫自己去完成工作、强迫技能形成。这是最难的阶段。**”他说道。

几个采访者备受打击，因为他们可能希望听到一些更鼓舞人心的话，而不是“工作是艰难的，所以忍着吧”。格拉斯注意到了他们的表情，但他继续说：“我觉得你们的问题在于，在做所有事情之前，总是试图抽象地做出评判。这是一个可悲的错误。”

档案里的其他采访都同样说明：你很难提前预测自己最终会对什么产生热爱。例如，天体生物学家安德鲁·斯蒂尔（Andrew Steele）声称：“不，我那时不知道自己要干什么。我反对那些要求现在就决定将来要干什么的体制。”其中一名学生问斯蒂尔是不是在开始博士研究项目时“希望有一天能改变世界”。

“不，”斯蒂尔回答道，“我只想多些选择。”

阿尔·梅里克（Al Merrick）是海峡群岛冲浪板（Channel Island Surfboards）的创始人。他讲了一个类似的故事来说明自己随着时间的流逝才无意间找到了激情。“人们总是急于开始生活，但这是个悲哀。”他对采访者说，“我不是一上来就想建立一个庞大的商业帝国。我给自己定下的目标是不管干什么都要尽量做到最好。”

在另一个视频中，在华盛顿州斯坦伍德市（Stanwood）工作的著名玻璃艺术家威廉·莫里斯（William Morris）带领着学生们参观他的工作室。那是一个改造过的谷仓，四周是茂密的太平洋西北部森林。“我有一堆不同的兴趣，但没有一个重点。”其中一个学生苦闷地说道。莫里斯看着她说：“你永远无法确定，也不会想确定。”

这些访谈都强调了很重要的一点：**有吸引力的职业通常有着错综复杂的起源，因此不能简单认为只要追随自己的激情就可以了。**

这个结论可能会让有些人感到意外，因为他们长期以来陶醉于激情假设的光芒之中；而对于采用严格的同行评议的方法来研究职业满意度的众多科学家们来说，这个结论并不意外。几十年来，他们不断得出类似的结论。但直到现在，在职业咨询这行，也没有多少人真正重视过这些。接下来，我们要关注的正是这些被忽视的研究成果。

有关激情，科学可以告诉你的那些真相

为什么有的人喜欢自己的工作，而那么多人做不到这点？“克利夫笔记”对这一领域的社会科学研究总结如下：职业满意度受很多复杂因素的影响。但是，“使职业与事先存在的激情相匹配”这一简单概念不在其列。

为了更好地了解这项研究所揭示的客观现实，下面列举我看到的比

较有意思的三点结论：

|结论一：职业激情是稀缺的|

2002年，一个由加拿大心理学家罗伯特·瓦勒朗（Robert J. Vallerand）所带领的研究小组，对539名加拿大大学生开展了一项大规模的问卷调查。问卷的设计初衷是为了回答下面这两个重要问题：这些学生是不是拥有激情？如果有，那么是哪些方面的激情？

激情假设的核心是假设我们都拥有某种事先存在的、有待发掘的激情。这项研究正是为了检验这一假设。结果发现：在被调查的学生当中，84%的人被确认为拥有激情。对支持激情假设的人来说，这听起来像是个好消息，但如果再深入研究一下这些学生的具体追求，就不是这么回事了。前五大经过确认的激情为：舞蹈、冰球（提醒一下，他们是加拿大学生）、滑雪、读书和游泳。这些激情虽然在学生心里分量很重，但是对于职业选择并没有多大贡献。**事实上，在确认出来的所有激情中，只有不到4%与工作或教育有关，其他96%都是某种爱好或兴趣，比如运动和艺术。**

很多人可能一时半会儿接受不了这个结果，因为它是对激情假设的一个严重冲击。如果我们连相关的激情都没有，那么追随激情又从何谈起？至少就这些加拿大大学生来说，很大一部分人需要一种不同的策略来选择职业。

|结论二：激情需要时间|

耶鲁大学组织行为学教授艾米·瑞斯奈斯基（Amy Wrzesniewski）一直在研究人们如何看待自己的工作。还是一名研究生时，她便在《人格研究杂志》（*Journal of Research in Personality*）上发表了一篇具有突破性的论文，探讨工作（job）、职业（career）和天职（calling）的区别。按照瑞斯奈斯基的表述，工作是谋生手段；职业是使工作渐入佳境的途径；而成为天职的工作则是组成人生的重要部分，是个人身份的关键部分。

瑞斯奈斯基调查了各种职业的从业人员，从医生到程序员再到文员。她发现大多数人可以坚定地将自己的工作划分为这三类中的某一类。对于这种划分，一个可能的解释是，某些职业要优于其他职业。例如，根据激情假设预测，在与一般激情相匹配的职业人群当中，如医生或教师，把工作真正视为天职的人应该占有很高比例；而在不那么光鲜的职业，即那种不会有人梦寐以求的职业里，把工作视为天职的人应该几乎没有。为了验证这种解释，瑞斯奈斯基观察了一组职位相同、职责几乎一模一样的员工：大学行政助理。她发现了一个让自己也很意外的结果：将自己的岗位视为职业、事业或天职的员工人数大致均等。换句话说，**工作类型本身似乎并不一定决定着人们对其喜好的程度。**

不过，激情假设的支持者会反驳说，像大学行政助理这样的职位会吸引各种不同的员工。有的人选择这个岗位可能是出于对高等教育的激情，因此会热爱这份工作；而有的人可能是因为其他原因，如工作稳定、待遇不错等，误打误撞地从事了这份工作，因此他们会有一个较低层次的体验。

但是，瑞斯奈斯基的研究还没结束。她调查了这些助理，想明白为什么他们对待工作的态度会如此不同，结果发现，最能准确预测一名助理是不是将其工作视为天职的变量是她从事这份工作的年数。换句话说，经验越多的助理，越有可能爱上自己的工作。

> SO GOOD THEY CAN'T IGNORE YOU
>
> 职场竞争力
>
> 这个结果是对激情假设的又一次冲击。瑞斯奈斯基的研究表明，最快乐、最有激情的员工不是那些将激情化为工作的人，而是那些做得足够久从而擅长于自己所做事情的人。仔细想想，这是有道理的。如果有了多年的经验，你就会在自己的事情上更加出色，而且会产生效能感。你还会有时间发展牢固的同事关系，会看到自己的工作给他人带来的巨大好处。且不论这种解释有多合理，重要的是，它与激情假设相矛盾：激情假设所强调的是当下的幸福感，而且这种幸福感来自于将自己的职业与某种真正的激情相匹配。

结论三：激情是精通的副产品

在一场题为《令人惊讶的动机科学》的热门 TED 演讲开始后不久，作家丹尼尔·平克（Daniel Pink）在讨论他的著作《驱动力》（*Drive*）时告诉听众，过去两年他一直在研究人类行为动机的科学。“我可以告诉你，（外在动机和内在动机）这两者相差悬殊，”他说，“如果你学习过一些科学课程，你会发现，科学知识和商业行为之间有条鸿沟。”他所说的“科学知识”指的是一个有着 40 年历史的理论框架——“自我决定理论”（Self-Determination Theory，SDT）。可以说，对于“为什么有些追求能给人动力而有些不能”这个问题，这是目前科学给出的最佳解答。[①]

自我决定理论认为，不管是在工作场合还是在其他场合，如果想要

① 想要了解更多有关驱动力的理论，请参阅平克的《驱动力》中文简体字版，该书由湛庐文化策划，中国人民大学出版社出版。——编者注

获得动机，你都要满足三种基本的心理需求，而这些需求是个人在工作中感受到内在动机所必需的，因此被称为“营养物质”（nutriment）：

- **自主：** 感觉对自己的生活拥有控制力，并且感觉自己的所作所为是重要的。
- **胜任：** 感觉自己擅长于自己所做的事情。
- **归属：** 感觉自己能与他人建立联系。

最后一项需求是最不令人意外的：在工作中感觉自己与别人的关系很紧密，你会更喜欢工作。前两项需求才比较有意思。例如，自主和胜任显然是相关的。在大部分职业中，如果在自己的事情上做到更好，那么你不仅会因表现出色而产生成就感，而且，作为奖励，通常还能更多地掌控自己的职责。这些结果可以用来解释艾米·瑞斯奈斯基的发现：经验更多的助理会更喜欢他们的工作，原因之一可能是胜任和自主需要时间，而这两者会带给你愉悦感。

SO GOOD THEY CAN'T IGNORE YOU

职场竞争力

同样有意思的是这几项基本心理需求所不包含的内容。请注意，科学家们并没有发现“使工作与事先存在的激情相匹配”这一点对动机有多重要。相比之下，他们真正发现的那些特质更为宽泛，并不指向某种具体的工作。比如，对于大多数人来说，假如他们愿意为达到精通程度而付出努力，那么胜任和自主在很多不同的职业中都是可以实现的。这一信息虽不像“要追随自己的激情，这样你就能立即获得幸福”那样令人鼓舞，但事实的确如此。换句话说，“正确地工作”胜过“找到正确的工作”。

阅读手记

精读引路人：孙路弘

人物小档案

① 人名 艾拉·格拉斯
职业 电台主持人
观点 事儿是一步一步做的

② 人名 安德鲁·斯蒂尔
职业 天体生物学家
观点 只想眼前能做什么

③ 人名 阿尔·梅里克
职业 冲浪板公司创始人
观点 把眼前的事情做到最好

④ 人名 威廉·莫里斯
职业 玻璃艺术家
观点 很多兴趣，无所谓重点

科学方式揭秘三大结论：

① 激情更多地与运动、艺术有关系，与职业缺乏关系！

② 工作、职业、天职这是三类工作形式，与激情有不同的关系。

③ 激情是自我驱动力，真正推动人们从事一份职业的三大因素都与激情无关，这三个因素是自主、胜任和归属。

职场资本笔记

03

SO GOOD THEY CAN'T IGNORE YOU

越陷越深的困扰，都是激情惹的祸

你的降落伞是什么颜色，真的重要吗

很难界定从何时起，我们这个社会开始强调追随激情的重要性，但大概应该是从《你的降落伞是什么颜色》(*What Color Is Your Parachute?*)一书于1970年出版开始。当时，该书作者理查德·鲍利斯（Richard Bolles）在圣公会（Episcopal Church）工作，为校园牧师们提供咨询，他们中很多人都有失业的危险。于是他发表了第一版的《降落伞》，里面简单收录了一些有用的小建议，来帮助面临职业变动的人。最初的印数是100册。

鲍利斯所提供的指导，其前提现在听起来是不言而喻的："搞清楚自己喜欢做什么……然后找到一个需要像你这样的人的地方。"但在1970年，这是一个激进的想法。"那个时候，想通过大量的纸笔测试来掌握自己的职业方向，会被认为是不专业的做法。"鲍利斯回忆道。然而，这个想法被乐观地演绎并传播成：你是可以掌控自己的人生的，为什么不追求自己热爱的事物呢？如今，鲍利斯的书已经印了超过 600 万册。

鲍利斯的书出版后的几十年时间，可以被视为激情假设得到越来越多人追捧的时期。你可以用谷歌词频统计器形象地看到这一变化。这一工具可以让你搜索谷歌庞大的数字化图书资料库，从而看到不同时间里所选择的词汇出现在出版物里的频率。假如输入“follow your passion”（追随自己的激情），你会看到一个使用小高峰正好出现在 1970 年（那年鲍利斯的书出版了），然后是相对平稳的高使用频率，而在 1990 年之后，曲线急剧上升。到了 2000 年，“follow your passion”这个词汇在出版物里的出现频率是 20 世纪 70 年代和 80 年代的 4 倍。

换句话说，《你的降落伞是什么颜色》一书帮助婴儿潮一代（baby boom generation）接受了以激情为中心的职业观。现在，他们将这一经验传给了他们的孩子，即回声潮世代（echo boom generation），而后者此后不断推高人们对激情的痴迷。现代研究生思维模式专家、心理学家杰弗里·阿内特（Jeffrey Arnett）解释说，年轻的这一代“对工作期望很高，他们期望工作不仅仅是一份职业，还是一种冒险……一个可以自我发展和自我表达的场合……以及符合他们对自身才能评价的某种事物。”

即使你认同我对“激情假设的确有缺陷”的论述，但此时此刻，你的反应可能是：“管它呢！”只要激情假设能够鼓励哪怕很少一部分人，让他们脱离糟糕的工作或者尝试不同的职业，那么你也许会说，它还是有用的。这一职场童话已经传播了这么长时间，应该没什么可以担心的。

我不这样认为。对这一问题研究得越多，我便越发注意到：激情假设让人们相信某种有魔力的“正确”职业正等着他们，而且一旦找到了，他们就会立即认出来：那就是他们注定要做的工作。当然了，问题是，当他们没找到时，糟糕的事情就会随之而来，比如不断跳槽以及后果严重的自我怀疑。

我们可以从数据中看到这一影响。前面说过，过去几十年的一个特征就是越来越多的人受鲍利斯想法的感染，投入对激情的寻找中。然而，尽管我们更加注重对激情的追随，尽管我们坚持寻找自己热爱的工作，但我们并没有变得更加幸福。2010 年经济咨商会（Conference Board）对美国职业满意度的调查结果显示，只有 45% 的美国人对自己的工作满意。这一数据从 1987 年这项调查开始起，便从最初的 61% 持续下降。经济咨商会消费者研究中心的主任林恩·佛朗哥（Lynn Franco）注意到，这种现象并不只在恶劣的经济时期出现：“**在过去的 20 年里，无论经济是增长还是衰退，我们的职业满意度数据都呈现出持续下降的趋势。**”在年轻人这一群体中，他们最关心的可能是工作在其人生中的角色，但如今有 64% 的人认为自己在工作中常感到不开心。这一比例是此项调查在过去 20 年里从所有年龄组中得到的最大值。换句话说，我们两代人以激情为中心的职业规划实验可以说是一个失败：**我们越注重于热爱自己所做的事情，最后越不喜欢去做。**

当然，这些数据还不够直接，因为还有其他一些因素影响到职业幸福感。为了能直观地理解这份担心，我们来看一些具体的案例。2001

年亚历山德拉·罗宾斯（Alexandra Robbins）和阿比·威尔纳（Abby Wilner）合著了描写年轻人不满情绪的《青年危机：你二十几岁时独特的生活挑战》（*Quarterlife Crisis: The Unique Challenges of Life in Your Twenties*）。这本书详细记录了十几名不快乐的二十几岁年轻人的亲身经历，而他们在工作中都感到彷徨。我们拿斯科特（Scott）这位来自华盛顿的27岁年轻人的故事为例。

"我现在的职业状况再好不过了。"斯科特叙述说，"我选择追求自己打心底热爱的职业，政治……我爱我的办公室、我的朋友……甚至是我的老板。"然而，激情假设极具诱惑力的承诺让斯科特对他的完美职业是不是真的完美产生了怀疑。"我没有成就感。"只要想到自己的工作和所有工作一样，都包含一些艰巨的任务，他就有些担心。后来他开始重新寻找可以终身从事的工作。"我决定寻找其他令我感兴趣的选择。"斯科特说道，"但我真的很难想出来还有什么吸引人的职业。"

"大学毕业后，我一心只想找到自己的终身职业。"吉尔（Jill）说。他是《青年危机》这本书里的另一个年轻人。不出所料，吉尔的所有尝试都未能满足如此高的要求。

"对于自己想做什么，我真的很困惑，"25岁的伊莱恩（Elaine）绝望地说，"困惑到连自己付出了什么代价都没有意识到。"

SO GOOD THEY CAN'T IGNORE YOU

职场竞争力

这样的故事在所有年龄段，从大学生到中年人，都越来越常见。这些案例都指向同一个结论：激情假设不仅是错误的，而且还是危险的。让人去"追随自己的激情"不仅是盲目的乐观主义，还可能是一份让人饱受困惑、忧虑之苦的职业的开始。

拒绝激情假设，我们能做什么

在继续讨论之前，我应当明确强调一点：对于某些人来说，追随激情的做法是有用的。例如，“寻路之旅”的档案记载了对《滚石》杂志影评人彼得·特拉弗斯（Peter travers）的采访。他声称从小就习惯带着笔记本去电影院，用来记下自己的想法。**激情的力量更常见于有天赋的人身上，比如职业运动员。**几乎所有职业棒球手都说自己从记事起便热爱这项运动。想找一个不这样说的都很难。

有的人在和我交流想法时，用了这类例子来反驳我对激情所下的结论。“有的人追随自己的激情然后就成功了。你看，这就是个例子。”他们说，“因此，‘追随自己的激情’应该是个好建议。”这个逻辑是错误的。某个策略有了几个成功案例并不能说明它就是普遍有效的，相反，必须研究大量的案例，然后找到对大多数人有用的东西。如果像我在写这本书时那样研究了一大群热衷于自己工作的人，你就会发现，大多数人（并非所有人）的经历远远不是像“找出某个事先存在的激情然后去追随”那样简单。因此，彼得·特拉弗斯和职业运动员们这样的例子都是特殊情况。他们的稀缺性正说明了我的观点：对于大多数人来说，“追随自己的激情”是个糟糕的建议。

这一结论引出了下一个重要的问题：如果不以激情假设为指导，那么我们应该怎样做呢？这正是接下来的三条规则所要继续讨论的问题。这些规则记录了我对“人们如何才能真正爱上自己的事业”这一问题所做的探索。它们将不像这几章那样听起来像是在做法庭陈词，而是探讨一些更为个人的内容：我与现实中的职业幸福感的种种邂逅，以及为理解其中的复杂性和模糊性而做的努力。在清理了激情假设这堆棘手的

“杂草”之后，现在我们才有机会见识一条更为现实的职业建议，而长久以来，它都不为人注意。这个过程将从下一条规则开始，首先是我接触到了一个看似不可能的见解之源：一群在波士顿郊外磨炼技艺的蓝草（bluegrass）乐手。

阅读手记

精读引路人：孙路弘

① 人名 理查德·鲍利斯
职业 咨询师
观点 搞清楚自己喜欢什么，然后寻找需要你的地方

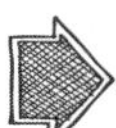

成为潮流，引导了两代人，成为人们行事的一个指南，却事与愿违。

② 名称 经济咨商会
事件 1987年——61%
2010年——45%
满意自己职业的人
观点 越注重热爱自己所做最后越不喜欢

寻找能够引领多数人可用的方针和政策。若干个案的成功如何注解趋势的发展？

③ 书名 《青年危机》
人名 斯科特
吉尔
伊莱恩

困惑

这些个案能够用来平衡那些成功的个案吗？

总结：激情可以存在！
但不能成为职业的驱动指导力量。

职场资本笔记

规则二
工匠思维胜过激情思维

SO GOOD THEY CAN'T IGNORE YOU

WHY SKILLS TRUMP PASSION IN THE QUEST FOR WORK YOU LOVE

SO GOOD THEY CAN'T IGNORE YOU

- 录音带不会说谎。
- 没人欠你一份好工作，你要自己去努力争取，而且这个过程不会一帆风顺。
- 要是你一直在琢磨“我如何才能变得真正出色”这个问题，别人就会找上门来。
- 把时间花在重要的事情上，而不是花在紧急的事情上。
- 别转身逃离自己目前工作的桎梏，而是开始获取必需的职场资本，从而将自己从桎梏下解放出来。
- 伟大的成就不在于天赋，而在于在正确的时间、正确的地点积累到如此大量的练习。

04

SO GOOD THEY CAN'T IGNORE YOU

工匠思维，没人欠你一份好工作

蓝草乐手的技术关注点

当我第一次拐入梅普尔顿街（Mapleton Street）时，这栋老掉牙的维多利亚式建筑就掩映在周围整齐的城郊建筑之中。等我走近了才发现这里有些怪异：外层的油漆已经开始剥落，门廊外放着一对皮躺椅，地上乱扔着一些空的啤酒瓶。

乔丹·泰斯（Jordan Tice），这位新原音乐派（New Acoustic style）的职业吉他手倚在前门上，抽着烟。他冲我挥了挥手，示意我过去。我跟着他进去，一进门就发现小小的门厅已被改成了一个卧室。“有个班卓琴手睡在那儿，是个麻省理工博士，”泰斯说，“你会喜欢他的。”

很多乐手不停地搬家、租房子、挤在任何一个能住人的地方；泰斯正是其中之一。“欢迎来到蓝草兄弟会。”他示意道。我们来到了他住的二楼。泰斯的屋子像是一个隐居者的住处。它比我在大学里住过的任何一间宿舍都小，仅够放一张双人床以及一张简易的纸板书桌。屋子的一角放着一个功放，另一角是一个带轮子的行李箱。我猜他的大部分吉他都放在楼下的公共练习室，因为这个屋里只有一把破旧的马丁吉他。我们不得不从另一个屋里借来一把椅子，这样两个人才能都坐下。

泰斯 24 岁，这个岁数在传统行业里很小；但他在签下第一张唱片时还是一名高中生，因此在原声音乐圈里，显然不是新手。他还谦虚得让人难受。他的第三张专辑《说来话长》（*Long Story*）有一条评论是这样开头的："音乐界总是不缺奇才，从莫扎特直到今天。"这种褒奖之辞正是泰斯不愿我去写的。当我问起为什么著名的蓝草艺术家加里·弗格森（Gary Ferguson）会选择 16 岁的他一起巡演时，他结巴得说不出话，然后陷入沉默。

"这是件了不起的事情，"我继续追问，"他选择了你作为他的吉他手。他有很多的吉他手可以选择，但偏偏选了一个 16 岁的少年。"

"具体到那件事上，我没觉得有什么了不起。"他终于回了一句。

真正令泰斯感到兴奋的东西是：他的音乐。我问他："今天忙些什么？"他正从桌上拿起一本打开的编曲本，听到这话，顿时两眼放光。本子上用铅笔淡淡地记着 5 行曲谱，其中大部分是速弹的四分音符，上下跨越了整个八度，并间以手写的说明。"没什么，也就写首新曲子，"他又解释了一句，"一首相当快的曲子。"

泰斯拿起他的马丁吉他，为我弹奏那首新曲。节奏还是蓝草的节奏，但旋律（灵感来自德彪西的作品）欢快得不像是一类的风格。弹奏时，泰斯两眼盯着指板，呼吸急促，并不时屏住呼吸。他一度漏掉了某个音，于是很不安。稍作停顿后，他又从头开始，坚持弹到不出错地完成整段乐句。

我告诉他，这段曲子的速度令我大开眼界。“不算什么，这还是慢的。”他回应道。接着，他给我演示了他想达到的速度：至少要快一倍。“我还弹不了前奏部分，”他为没衔接好而表示歉意，“我觉得我可以做到，只是还不能弹出我想要的音来。”接着，他向我说明了前奏部分的一连串音符是如何跨越，因此弹起来更加复杂。“跨度真的很大。”

在我的要求下，泰斯向我展示了这首曲子的练习计划。他先以足够慢的速度来弹，从而得到自己想要的效果：他想让旋律的基调出来，同时填进去其他的音。接着，他开始提速，快到自己刚好不能顺利完成。然后，他便这样一遍一遍地重复。“这对身心都是磨炼，”他解释道，“你得努力跟上不同的旋律，还有其他的东西。弹钢琴时，所有的键都清清楚楚地摆在你面前，10 个指头绝对不会互相干扰。但弹吉他时，你必须安排好自己的手指。”

他把自己在这首曲子上的练习称为当前的“技术关注点”（technical focus）。通常，如果不需要为演出做准备，他会以这样的强度和稍快于舒适点的速度，连续弹上两三个小时。我问他掌握这项新技能需要多长时间。“可能要一个月。”他估摸着说。接着，他又弹了一遍。

天生喜剧狂的修炼

声明一点：我真的不在乎泰斯是不是热爱他的工作，也不在乎他为什么决定当一名乐手，或者他是不是将吉他演奏视为自己的“激情”所在。乐手的职业道路具有特殊性，并且通常依赖于特殊的环境因素以及人生早期的幸运转机。泰斯的父母都是蓝草乐手的事实就明显对他早早献身于吉他演奏产生了很大的影响。正因为这个原因，我从不认为艺人的职业开端与其他人有多大关系。我对泰斯真正感兴趣的地方在于：他每天是如何对待自己的工作的。我发现其中藏着一条深刻的见解，对我探求如何打造热爱的工作非常有价值。

指引我结识泰斯并有了这条见解的是 2007 年的一集《查理·罗斯访谈录》(*Charlie Rose*)。节目中，罗斯正在采访演员、喜剧家史蒂夫·马丁（Steve Martin），谈论后者的回忆录《天生喜剧狂》(*Born Standing Up*)。他们谈起马丁出名背后的真实经历。“我读了些自传，”马丁说，“但我经常感到不解……我想问那些作者，‘你这里漏了一段，你是如何得到那个剧的试镜机会，然后突然一下就到科帕(Copa)工作了？这都是如何发生的？’”马丁自己写了一本书来回答这类有关“如何”的问题，至少是关于他自己如何在喜剧表演方面获得成功的。正是在解答这些“如何”的过程中，马丁讲了一个简单的观点，使我一听到就震惊了。在采访的最后 5 分钟里，当罗斯问马丁有什么建议可以对艺人有所启发时，马丁说了下面这段话：

> 没人在意（我的建议），因为那不是他们想听到的答案。他们想听到的是“……（如此这般）……你就能找到经纪人、就能写出剧本……”但我总说：**“要让自己优秀到不能被忽视。”**

罗斯发出了标志性的哼哼声。为了回应罗斯的模棱两可，马丁为自己的建议辩护道：“**要是你一直在琢磨‘我如何才能变得真正优秀’这个问题，别人就会找上门来。**”

正是这种人生哲学让马丁一举成名。在年仅 20 岁的时候，他便决心对自己的表演进行创新，使其成为某种优秀到不能被忽视的东西。“那个时候的喜剧元素也就是些套路、包袱……讲着老套台词的夜总会丑角，诸如此类。”马丁向罗斯解释道。他认为喜剧可以更复杂些。大概在接受访谈前后，马丁发表了一篇文章，文中这样描述自己思想的演变：“要是没有包袱会怎样？要是没有提示会怎样？要是我制造紧张但一直不释放会怎样？①要是我似乎要达到一个表演高潮但传递出来的却是一个反高潮（anticlimax）会怎样？”在一段著名的表演中，马丁对着观众说，下面表演的是他著名的保留节目《麦克风上的鼻子》。接着，他向前靠了靠，把鼻子贴在麦克风上几秒；然后，后退几步，长长地鞠了一躬，并像模像样地向观众致谢。“当时没有人笑，”他解释说，“等他们发觉我已经继续进行下一段表演时，才开始笑起来。”

SO GOOD THEY CAN'T IGNORE YOU

职场竞争力

据马丁自己估计，他花了 10 年时间才形成自己的表演体系；但是，当表演成型时，他便获得了巨大的成功。有一点他讲得很清楚，那就是，对于他后来的成名，没有什么真正的捷径可走。“到后来，当你有了足够丰富的经验，就会散发出某种自信，”马丁解释道，“我认为观众可以觉察到这种自信。”

“要让自己优秀到不能被忽视！”我第一次听到这条建议时，正在网

① 在大学时，马丁曾读过一篇关于喜剧的论文，认为笑是讲故事的人制造紧张、然后用笑点释放紧张的结果。——译者注

上看马丁的访谈。那是2008年的冬天，第二年就是我作为研究生的最后一年。那个时候，我已经出了两本针对学生的指导书。在那两本书的激励下，我刚开了一个叫“学习技巧”（Study Hacks）的博客，主要提供针对大学生的学习技巧。然而，在听到马丁的那段话后，我便匆匆写了一篇博文，向我的读者们介绍他的想法。“听起来它（这个建议）很吓人，”我总结道，“但是，我认为它更能解放人。”

由于我的研究生学业即将结束，所以我对自己的研究策略十分在意——这种“在意”体现在我不停地编写、修改个人网站上对自己工作的描述。这个过程令人沮丧：我感觉自己在竭力想让这个世界相信我的工作是有意思的，但是没人在乎。马丁的那句箴言让我暂时摆脱了这种自我拔高的窘境。它告诉我：“不要注重这些小细节，而要注重让自己更加优秀。”受此启发，我把注意力从个人网站转移到一个延续至今的习惯上去：追踪每个月花在对所研究的问题进行专门思考上的小时数。例如，在首次撰写本章的那个月，我在一些关键问题上专门花了42个小时。

这种“时数追踪”策略有助于让我心无旁骛地专注于所写内容的质量。然而，与此同时，我觉得自己似乎并没有领悟马丁思想的全部内涵，而且这种感觉越来越强烈。后来，我开始探索人们如何才能最终爱上自己的工作。没过多久，我把视线又转回马丁的建议上。直觉告诉我，这个建议对打造一份非凡的事业会有重要作用。我去找泰斯是出于这样的想法：要真正理解马丁的那句箴言，我需要去了解那些按照它的要求来生活的人。

SO GOOD THEY CAN'T IGNORE YOU
职场竞争力

听到泰斯谈起他的日常练习，我深有感触的是他对自己作品的关注很有马丁的风格。我们回想一下：在一个几乎没有装修的简陋房间内，他连续几周每天花费数小时来练习某种新的拨弦技巧，虽然筋疲力尽，但却乐此不疲。所有这一切都是因为他认为这种技巧可以给他的曲子添加一些重要的东西。我还意识到，这种对个人作品的专注，也是他谦虚得令人难受的原因。对于泰斯来说，傲慢自大是没有意义的。“创造出一些有意义的东西，然后呈现给世界，这才是我看重的。”他解释说。

与泰斯的会面启发了我。于是，我联系上了马克·卡斯蒂文斯（Mark Casstevens），想知道这位愤世嫉俗的老音乐人如何看待艺人的思维模式。卡斯蒂文斯是一名来自纳什维尔（Nashville）的录音棚乐师。他的资历自不用说：曾演奏过 99 首“公告牌”（Billboard）排名第一的热门单曲。当我和他说起泰斯时，他对“执着于作品的质量是专业音乐圈的规则”这一观点表示认同。**“它比你的外貌、乐器、个性以及关系网都重要，”他解释说，“在录音棚乐师中有句格言，‘录音带不会说谎’。录完音后马上就会回放，你的能力一览无遗。”**

SO GOOD THEY CAN'T IGNORE YOU 关键词

工匠思维 (The craftsman mindset)

对待职业生涯的一种方式；是以产出为中心的职业观，关注自己给世界（工作）带来的价值。这种思维对于打造自己所热爱的事业至关重要。

我喜欢“录音带不会说谎”这句话，因为它很好地总结了是什么在激励着像泰斯、卡斯蒂文斯以及马丁这样的艺人。**假如不关注于让自己**

“优秀到不能被忽视”，你就会被别人甩在后面。这种清晰性使人耳目一新。

为了方便后面叙述，我将这种以产出为中心的职业观称为工匠思维。规则二的目的就是为了让大家接受这样一种观点：不管从事哪种工作，工匠思维对于打造自己所热爱的事业都至关重要。对泰斯这样的艺人研究得越多，这种观点就越明确。不过，在继续讨论之前，我想花点时间将这种思维模式与大多数人的职业观进行一下对比。

激情思维的逻辑

“专注于寻找‘我到底是谁’这个问题的答案，并将其与自己真正热爱的工作相联系，（人们）通过这种方式而不断进步。”波·布朗森（Po Bronson）2002年在《快公司》杂志（*Fast Company*）上发表了这句宣言。这听起来应该很耳熟，因为它正是听从激情假设的人所给出的建议。因此，让我们把布朗森所赞同的这种对待工作的方式称为激情思维。**工匠思维关注自己能给世界带来什么，而激情思维则关注世界能给自己带来什么。**大多数人是用后一种思维方式来对待自己的职业生涯。

SO GOOD THEY CAN'T IGNORE YOU 关键词

激情思维 (The passion mindset)

对待职业生涯的另一种方式；关注世界（工作）给自己带来的价值。这种思维模式与工匠思维相对立。激情思维最终会导致长期的不满，并让人不切实际地幻想还有更好的工作。

我不喜欢激情思维有两条原因。这里的意思是，除了规则一中论述的“激情思维建立在错误的前提之上”这个事实之外，还有两条原因。首先，假如只关注工作能给自己带来什么，这会让你极其注意工作中自己所不喜欢的方面，从而导致自己长期处于不幸福的状态。初级职位尤其如此，因为从职责上来说，这些职位不会被分配太多有挑战性的项目以及自主权——这些是以后的事情。**如果你带着激情思维进入职场，那么分配给你的那些烦人的任务，或是在公司官僚体系中遇到的挫折，都会让你应付不过来。**

更严重的是驱动激情思维的深层次问题，即“我是谁”以及“我真正热爱什么”，基本上没有确定的答案。“这才是真正的自我吗”和“我热爱这个吗”这样的问题很少能简单地回答“是”或者“不是”。换句话说，激情思维几乎保证会让你永远处于不满和困惑的状态。这也许解释了为什么布朗森在他的“求职圣经”《这辈子，你该做什么？》(*What Should I Do With My Life?*) 中开头就承认：“书中的每个人都经历过一种感觉，那就是，他们错过了享受生活的机会。”

像真正的艺人那样对待工作

总结起来，我向大家呈现了对待职业生涯的两种不同方式。第一种是工匠思维，关注自己能给世界带来什么；第二种是激情思维，关注世界能给自己带来什么。工匠思维具有清晰性，而激情思维则让人陷入含糊且无法回答的问题泥潭。我在见到泰斯后得出了一个结论，那就是：**工匠思维包含着某些能使人摆脱束缚的内容。它要求你不要以自我为中**

心，不要去担心工作是不是“刚好合适”，而是要俯下身子、努力让自己真正优秀起来。它主张没人欠你一份好工作，你要自己去努力争取，而且这个过程不会一帆风顺。

基于这一点，我们自然羡慕泰斯这类艺人的清晰思路。但是，规则二的核心论点是：我们不应该仅仅去羡慕这种工匠思维，而是应该效仿之。换句话说，在这里，我建议：你应该把“我的工作是我真正的激情所在吗”这个问题放到一边，将注意力转向如何让自己变得“优秀到不能被忽视”。也就是说，不管以什么为职业，你都要像真正的艺人那样对待自己的工作。

这种思维模式的转变，对“我的探求”来说是个令人兴奋的进步。然而，我发现这种转变在有些人身上比在另外一些人身上来得更容易。正当我在博客上开始思索工匠思维时，一些读者变得不安起来。他们的反驳集中于一种常见的观念。在继续讨论之前，我应该先对此回应一二。其中一位读者这样写道：

> 泰斯愿意不求回报地付出大量时间，是因为这样做是服务于他当前明显热爱并且长期以来一直热爱的某样东西。他已经找到了属于自己的正确职业。

这种反应我已经听得多到可以给它起个名字，叫“激情事先存在论”（the argument from pre-existing passion）。其核心观点是，工匠思维仅在那些已经对其工作产生激情的人身上是可行的，因此不能说它取代了激情思维。

我不接受这个观点。

首先，不用去讨论泰斯或马丁这样的艺人是不是确信自己已经找到属于他们的真正使命。如果曾跟专业艺人，特别是刚出道的新人共处过哪怕一小会儿，你就会注意到：他们对于自己能否维持生计没有安全感。泰斯将这些对朋友们怎么生活以及自己的技艺是不是更有优势的忧虑起了一个名字，叫“挥之不去的外部干扰之云”。

驱散这团乌云的过程是一场持续的战斗。在这个问题上，马丁在其专注于改进表演套路的10年间曾经感到不自信，经常遭受焦虑发作之苦。这些艺人所具有的工匠思维，并非源自某种确信无疑的内在激情，而是源自某些更实际的需求：获得能在文艺圈行得通的东西。正如卡斯蒂文斯所说的，“录音带不会说谎”，假如你是一名吉他手或喜剧演员，你的作品基本上说明了一切。如果你花费太多时间纠结于自己是不是找到了真正的使命，那么这个问题将会一直没有答案，而你同时会发现自己已经失业了。

更重要的是，我确实不关心艺人们为什么采用工匠思维。前面讲过，他们的世界具有特殊性，而且他们大部分的行为方式都无法推广。我关注泰斯的故事，是因为想让大家见识一下工匠思维在实际中是什么样子。换句话说，不要去想泰斯为什么采用这种思维模式，而要注意他是如何运用的。在下一章里，我将讲到：**不管你现在认为自己的工作如何，你都能以工匠思维为基础，打造一份有吸引力的职业。**“激情事先存在论”让事情倒退了，这就是我不接受它的原因。事实上，正如我将阐述的那样，你先采用工匠思维，然后激情会随之而来。

阅读手记

精读引路人：孙路弘

人物小档案

1 人名 乔丹·泰斯
职业 吉他手
事件 16岁被邀随队演出
长项 强度、适度、长时间

2 人名 史蒂夫·马丁
职业 喜剧演员
事件 20岁开始创新表演艺术
长项 创造观众长时间紧张
维持长时间包袱不抖

3 人名 马克·卡斯蒂文斯
职业 音乐人
事件 99首公告牌排名第一的单曲
长项 专业音乐圈要求的作品质量

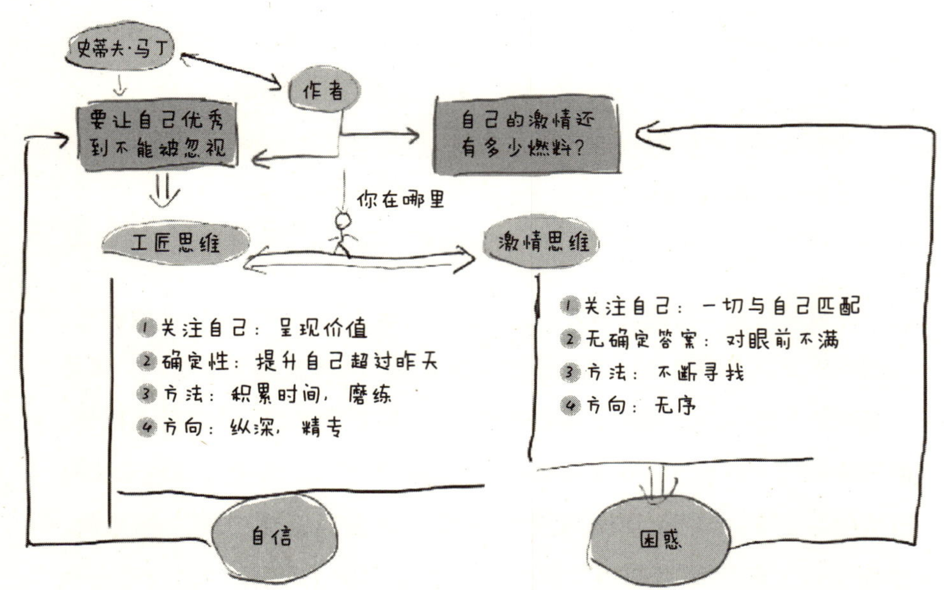

05

SO GOOD THEY CAN'T IGNORE YOU

职场资本，技能胜过激情

是什么成就了一份伟大的事业

在上一章里，我提出了一个大胆的主张：假如你想爱上自己的事业，就要摒弃激情思维（“世界能给我带来什么？”），转而采用工匠思维（“我能给世界带来什么？”）。

要对这个策略展开论述，首先要回答一个简单的问题：是什么成就了一份伟大的事业？通过对这个问题进行探讨，我们可以理解得更为具体。在规则一中，我举了几个例子，其中涉及的人物都拥有伟大的事业，并且热爱（或曾经热爱）他们的事业。因此，我们可以从中汲取一些有用的东西。这些人是：苹果创始人史蒂夫·乔布斯、电台主持人艾拉·格拉斯以及冲浪板制作大师阿尔·梅里克。仍以他们三位为例，我现在要问的是：这三份事业到底有什么特殊之处让它们如此有吸引力？下面是我给出的回答。

SO GOOD THEY CAN'T IGNORE YOU

成就大事的特质

创造力：格拉斯不断拓展着广播领域的界限，在这个过程中得了很多奖。

影响力：从苹果II型（Apple II）到iPhone的一系列产品，乔布斯改变了数字时代的生活方式。

自主力：没人告诉梅里克几点起床、该穿什么。他不会朝九晚五地出现在办公室里。相反，他的冲浪板工厂离圣巴巴拉海滩只隔着一个街区。梅里克还经常去海滩冲浪。据伯顿滑雪板公司（Burton Snowboards）创始人杰克·伯顿·卡彭特（Jake Burton Carpenter）回忆，这两家公司的合并谈判就是他和梅里克站在人群里等待海浪时进行的。

这个总结并不全面，但是你如果仔细想想自己幻想中的完美工作，可能就会在其中发现这几项特质的某种组合。于是，我们要提出一个极其重要的问题：如何在自己的职业生涯中获得这些特质？在研究这个问题时，我首先注意到，这几项因素是稀缺的。大部分工作在工作内容和工作方式上不会赋予员工很大的创造力、影响力或是自主力。比方说，**作为一名从事着初级工作的刚毕业的大学生，你更有可能听到的是“去换桶水”，而不是“去改变世界”。**

根据定义，我们知道这些特质也是宝贵的，因为它们是成就大事的关键。在这里，我们要引入一些已知的知识点。经济学基本理论告诉我们，如果你想获得某些既稀缺又宝贵的东西，就需要提供同样稀缺而宝贵的东西作为交换，这就是经济学上最基础的供给与需求理论（Supply and Demand）。根据这一理论，我们可以得出这样一个推论：如果你想成就一番大事，就需要提供某些很有价值的东西作为交换。当然了，假如这种推论成立，那么我们应该看到它在这三个案例中也是成立的，而结果也的确如此。在搞清了要寻找什么之后，那些吸引人的职业按照这种交易的方式解读起来也就突然清晰了。

让我们来看乔布斯的经历。当乔布斯走进保罗·特雷尔的字节商店时，他手上拿着的东西的确是稀缺而宝贵的：当时新兴的电脑市场上比较先进的个人电脑之一、苹果 I 型（Apple I）的电路板。售出 100 块原创的电路板所能得到的资金会让乔布斯对自己的职业拥有更多的自主力。但是，用古典经济学的术语来说，为了在职业生涯中获得更多有价值的特质，他需要提供更有价值的东西。正是从这一刻起，乔布斯的事业开始加速腾飞。他接受了马克·马克库拉（Mark Markkula）的 250 000 美元资金，并且与史蒂夫·沃兹尼亚克一起设计了一种新型的电脑，而这款产品无疑优秀到了不能被忽视的地步。在旧金山湾区家酿计算机俱乐部（Homebrew Computer Club）的圈子里，在技术上与乔布斯和沃兹尼亚克水平相当的工程师大有人在，但乔布斯的眼光独到：他接受了投资并且在技术上集中精力生产一种组装完整的产品，结果就有了遥遥领先于竞争对手的苹果 II 型：它带有彩色图形显示功能；显示器和键盘被整合进机箱内；开放式架构，允许快速扩展内存和连接外设（例如，由苹果 II 型首次引入主流应用的软驱）。正是这款产品让苹果公司在市场版图上占有一席之地，并把乔布斯从一个小打小闹的创业者推上了领导一家梦幻公司的宝座。他产出了某种很有价值的东西，所以，作为交换，他的事业被注入了创造力、影响力和自主力。

电台主持人格拉斯证明了自己是公共电台最出色的编辑和主持人之一。在此之后，他才有机会创办了树立其个人风格的广播节目《美国生活》(*This American Life*)。格拉斯初入职场时是一名实习生，后来为《面面俱到》(*All Things Considered*)节目剪辑录音带。很多年轻人和格拉斯一开始的发展路径一样：先在一家当地的广播电台实习，然后升到一个低级制作岗位上。然而，格拉斯想方设法让自己的技能更稀缺、更宝贵，一旦如此，他便逐渐脱颖而出。由于他剪辑得干脆利落，所以赢得了主持一些节目的机会。虽然格拉斯的声音听起来没有一点电台应有的庄重感，但他的节目开始让他获奖。这其中也许有他天生的编辑潜能在发挥作用，但请回想一下：规则一里曾提到，格拉斯强调的是努力培养技能的重要性。“**对于从事创作的人来说，你对这件事产生了兴趣，但还存在某种‘差距’。你做的东西还不那么好，对吧？你努力想做好，但就是没那么棒，**”他在一次接受采访时说道，“**关键是，要强迫自己去完成工作、强迫技能形成。这是最难的阶段。**”他在“寻路之旅”的采访视频中如此阐述。换句话说，他的故事讲的不是一个天才在大学毕业后便轻易找到了一份电台工作，然后就突然因某个节目而走红。对格拉斯了解得越多，你越会发现早年的他其实是这样一个年轻人：他被迫培养自己的技能，直到这些技能变得宝贵到无法被忽视。

这种策略是有效的。在他为《面面俱到》录制的节目获得成功后，格拉斯被挖到芝加哥公共广播电台，与别人一起主持了一系列的地方节目，这进一步提升了他技能的价值。1995年，电台经理决定推出一档形式自由的节目《美国生活》，打算在全美联播，而格拉斯便是被优先考虑的人选之一。如今，格拉斯拥有充满创造力、影响力和自主力的事业。但是，只要你细想一下他的经历便会发现，其中的经济学原理还是很清楚的——格拉斯用自己努力获得了稀缺而宝贵的技能，从而换来了一份很棒的工作。

在梅里克身上，我们也毫不意外地发现了类似的经历。作为一名专业的冲浪板制造商，梅里克的事业得以开展，依靠的也是稀缺而宝贵的技能，而且这项技能定义得非常清楚：他做的冲浪板让使用者在比赛中获胜。值得注意的一点是：这并不是故事的全部。梅里克曾做过几年的造船工作，并且从中获得了玻璃纤维成型的相关经验。另外，他断断续续地从事着冲浪这项运动，因此对冲浪有所了解。尽管如此，他还是做了大量努力才使自己的制板技能达到了宝贵的地步。**“起初，你会一直担心自己失败，担心让你做板子的人是个世界冠军，而你给他做的板子会不好用。”他在“寻路之旅”的采访中回忆道，“这只会让我更加努力地工作、更加努力地尝试，最终实现我想用冲浪板实现的东西。”**在离海滩一个街区的地方拥有一间办公室，还可以随时跑去冲浪，这听起来很棒，但这种工作不是唾手可得的。为了拥有这份工作，梅里克意识到自己需要用稀缺而宝贵的技能去交换。一旦像凯利·斯莱特（Kelly Slater）这样的职业冲浪手用上了他的板子，并且赢得了比赛，他就可以自由地支配自己的职业生涯。

SO GOOD THEY CAN'T IGNORE YOU 关键词

职场资本（Career capital）[①]

对个人所拥有的、在职场中属于稀缺而宝贵的技能的描述。要创建自己热爱的工作，这是关键通货。

我将这些故事背后的经济学原理称为“成就大事的职场资本理论”，其主要观点如下：

- 成就大事的特质稀缺而宝贵。

① 职场资本，是个人在职场中具备相对稀缺的能力，并得到周围人的认同，以及得到关系近的人的关注，得到机会的一种表现。以往的职业资本仅仅关注了个人的能力，而个人的能力是在职场中才有价值，能够成为资本。职场中还有人际关系、相对稀缺技能、职场转移机会等。——编者注

- 供求关系说明，假如想获取这些特质，你需要提供稀缺而宝贵的技能作为交换。这些稀缺而宝贵的技能可视为一个人的职场资本。
- 工匠思维不断专注于让自己“优秀到不能被忽视”，这是一种非常适合于获取职场资本的策略。因此，如果你的目标是打造自己热爱的工作，那么工匠思维要胜过激情思维。

SO GOOD THEY CAN'T IGNORE YOU 关键词

成就大事之职场资本理论 (The career capital theory of great work)

成就大事的特质稀缺而宝贵。假如想获取这些特质，你需要提供稀缺而宝贵的技能作为交换。这些稀缺而宝贵的技能可视为一个人的职场资本。工匠思维非常适合于获取职场资本。

乔布斯、格拉斯以及梅里克都采用了工匠思维。某些人甚至就用这些词来描述自己。“我是个工匠。”在一次关于他制板早期经历的采访中，梅里克这样说。从职场资本理论来看，这不是巧合。成就大事的特质要求你用某些稀缺而宝贵的东西（被我称作“职场资本”的技能）来交换。想要尽量多地获取职场资本，你应采用的思维模式正是不断专注于个人产出的工匠思维。归根结底，这就是我为什么提倡工匠思维而不提倡激情思维的原因。我并不是在这里就激情的存在或努力奋斗的价值做什么哲学上的思辨，而是一直从非常实用的角度出发：**你需要让自己优秀，从而在自己的职业生涯中得到好处，而工匠思维一心想达成的正是这个目的。**

然而，我必须承认，从这个观点出发会得出一个比较悲观的论断：激情思维对打造自己热爱的工作是无效的；不仅如此，在很多情况下，它还可能起反作用，有时会造成灾难性后果。

不要活在别人的成功模式下

2009年夏天，《纽约时报》在两天之内相继刊登了两篇文章。这两篇文章突出反映了激情思维和工匠思维之间的差异。第一篇文章的主人公叫莉萨·福伊尔（Lisa Feuer）。38岁的福伊尔放弃了自己在广告和营销方面的工作。她一直因为公司生活的种种约束而很恼火，于是开始怀疑那份工作是不是她想要的。她说："看着我的丈夫一步步经营起自己的事业，我觉得自己也可以。"因此，她决定尝试创业。

根据《纽约时报》报道，福伊尔参加了一个200小时的瑜伽教练培训班，并以房产作为抵押，贷款支付了4 000美元的学费。在拿到证书后，她开办了卡玛幼儿瑜伽（Karma Kids Yoga），专注于幼童和孕妇的瑜伽练习。"我热爱自己所做的事情。"她对记者说道，虽然她也承认在自主创业中遇到了种种困难。

以激情思维来看，福伊尔的决定是正确的。对于那些沉迷于寻找使命的人来说，放弃舒适转而追求激情，这是最英勇不过的举动。以作家帕梅拉·斯利姆（Pamela Slim）为例，她信奉激情思维，并且写了畅销书《逃出格子国》。在其个人网站上，斯利姆举了下面这段对话作为例子，而且声称自己经常会遇到这样的对话：

> **我：**那么，你准备好按照计划进行下去了吗？
>
> **他们：**我知道自己必须做什么，但是我不知道自己能否做到！我有什么资格装作一个成功的艺术家／教练／咨询师／按摩师……要是别人看到我的网站时嘲笑我竟然打算出售自己的服务，那该怎么办？别人为什么要联系我？
>
> **我：**该在你的脊梁骨上下点功夫了。

在这些情形的激励下，斯利姆推出了一项电话研讨服务，叫“重塑人生脊梁”（Rebuild Your Backbone）。目的是为了说服更多的人像莉萨·福伊尔那样，拿出勇气去追随自己梦想。课程说明里写到，斯利姆会就一些问题进行解答，比如“我们为什么会陷入‘活在别人的成功模式下’这样的境地”以及“我们如何才能拿出勇气，在世上做一番大事”。这项课程收费 47 美元。

SO GOOD THEY CAN'T IGNORE YOU 关键词

勇气文化 (Courage culture)

越来越多的作者和网络评论家提倡的一种观点，即只要鼓起勇气、脱离预期的职业轨道，你就能找到梦寐以求的工作。虽无恶意，但这种文化会带来危害，因为它低估了以职场资本来支撑职业抱负的重要性。

“重塑人生脊梁”是“勇气文化”（courage culture）的一个例子。“勇气文化”的支持者是逐渐增多的一类作家和网络评论家。他们鼓吹这样一种观点：在你和你所热爱的工作之间，最大的障碍就是缺乏勇气——摆脱“别人对成功的定义”的勇气，以及追随自己梦想的勇气。放在激情思维的模式下，这种想法绝对说得通：假如真的有某种完美工作在等着我们，那么不追随这份激情就是在浪费时间。从这个角度来看，福伊尔的想法似乎是很勇敢的，而且早该如此；她可以在帕梅拉·斯利姆的电话研讨会上当演讲嘉宾了。但是，从职场资本理论的角度来看，这种想法就站不住脚了。一时间，卡玛幼儿瑜伽看起来像是一场可怜的赌博。

激情思维不好的一面是它让人失去自己的长处。对于像斯利姆这样的激情拥趸来说，投身自由职业是简单的，而且能给自己带来自主力、创造力以及影响力，只要你真正“动起来”就没什么能绊住你。对于这个观点，职场资本理论并不认同。我们知道，伟大的事业并非有很大勇气就可以了，它还需要有很高价值（而且是真正价值）的技能。福伊尔放弃了她的广告职业，转而开办一家瑜伽工作室。在这种情况下，她不仅放弃了多年来在营销行业所获取的职场资本，还转行到了一个不相关的领域，一个她几乎没有任何资本的领域。鉴于瑜伽的热门程度，在瑜伽从业者技能金字塔中，只接受过一个月训练的福伊尔处于接近最底端的位置。这意味着，她还要走很长的路才能让自己优秀到无法被忽视。因此，根据职场资本理论，她在自己的瑜伽职业生涯中几乎没有任何可以依靠的力量。因此，对福伊尔来说，事情的发展不会顺利。不幸的是，结果正是如此。

2008 年，受经济衰退的影响，福伊尔的事业举步维艰。她授课的一家健身房关门了。接着，她在当地一家公立高中带的两门课也被取消了。另外，由于经济吃紧，私教的需求也大大减少了。2009 年，也就是《纽约时报》选中她作人物报道的那年，她的全年收入预计只有 15 000 美元。那篇报道结尾提到，福伊尔给记者发了一条短信：“我现在在食物券办公室排队。”签名是：“发送自我的 iPhone。”

对福伊尔的报道发表两天后，《纽约时报》又向读者们介绍了另一位营销主管，乔·达菲（Joe Duffy）。和福伊尔一样，达菲也从事广告行业，并且最后也对公司生活的种种约束感到恼火。“我厌倦了广告代理业务。”他回忆道，“我想让生活简单一些，而且想把精力重新投向创作方面。”达菲本来受的就是艺术家式的训练，进入广告行业并成为一名技术绘图师纯粹是因为他很难靠画画谋生。因此，激情思维的支持者也许就会鼓励处于达菲这种情况的人放弃广告、重拾艺术创作的激情。

结果，达菲属于工匠学派。他没有转身逃离自己目前工作的桎梏，而是开始获取必需的职场资本，从而将自己从桎梏下解放出来。他专攻的是国际商标和品牌标志。随着能力的增长，他的选择也越来越多。最后，他被位于明尼阿波利斯（Minneapolis）的法龙·麦克艾里哥特广告公司招致麾下；这家公司甚至允许他在其内部运营他自己的附属部门：“达菲设计”（Duffy Designs）。换句话说，他的资本给他换来了更多自主权。

达菲在法龙·麦克艾里哥特广告公司工作了20年，为索尼、可口可乐这样的大公司设计商标。之后，他再一次用他的职场资本获取了更多的自主权。这一次，他开办了一个属于自己的15人工作室：达菲及合伙人（Duffy & Partners）。这一创业举动与福伊尔形成鲜明对比。达菲开办公司凭的是足够的职场资本，因此事业立即蓬勃发展起来。他成为世界上最好的品牌设计师之一，并且拥有排队等候的客户。相反，福伊尔开办自己的公司凭的只是200小时的训练以及大把的勇气。

你可以猜得出来，刚退休不久的达菲热爱自己的事业。他的工作让他获得了大量的自主力和尊敬，还对世界造成了重大影响（这取决于你怎么看待广告的重要性）。不过，对我来说，与福伊尔对比最鲜明的是达菲买下了达菲雪道（Duffy Trails）。这是位于威斯康星州托塔嘉提克河（Totagatic River）两岸的一处40万平方米的休养地。达菲是个越野滑雪发烧友，而这里的林间小道有 8 公里长，从 11 月份一直到第二年的 3 月份都适合滑雪。因此，这个地方对他有无法抗拒的吸引力。根据《纽约时报》报道，这片领地上还附有 3 处可住人的建筑，可以轻松招待至少 20 名宾客。不过，在炎热的夏季，最吸引游客的是湖边的观景凉亭。那片 6 万平方米的湖里养着成群的鲈鱼。

达菲在他 45 岁的时候买下了这片地产：比福伊尔离开广告行业转而经营瑜伽事业时大不了几岁。这个相似之处令这两个故事有了些许弗罗斯特式[①]的意味："黄色的丛林里分出两条路"；一个旅行者选择"精通之路"，而另一个则受"激情之光"的感召。到最后，前者成为业界名人，掌控自己的职业生涯，并和家人在一处僻静的林间居所过周末；而后者靠食物券过活。

SO GOOD THEY CAN'T IGNORE YOU

职场竞争力

这种比较不一定是公平的。我们无法知道假如福伊尔留在了营销、广告行业，并且也不断投入精力让自己变得优秀，她是不是就能复制达菲的成功。但作为一个隐喻，这个故事很好地说明了问题。达菲顺利完成了海外出差，返回"达菲雪道"，滑着雪度过一个轻松的周末；而岁数相仿的福伊尔却排着队，等候发放食物券。这个画面令人深思。它很好地说明了从零开始创业的风险和不合逻辑之处；与之相反的做法是获取更多职场资本，从而达到事半功倍的效果。福伊尔和达菲在自己的工作上遇到了同样

① 罗伯特·弗罗斯特（Robert Frost）是 20 世纪最受欢迎的美国诗人之一。后面引号中的诗句出自他的诗歌《未选择的路》（*The Road Not Taken*）。——译者注

的问题，这些问题出现在大约同样的时间点，而且他们同样渴望热爱自己的事业。但是，他们解决问题的方法不同。到最后，致力于发展技能的达菲明显成了赢家。

当工匠思维不再有效

在写本章前不久，我收到了一封邮件。发信人叫约翰，是一名刚毕业的大学生，还是我博客的资深读者。他对自己税务咨询师的新工作感到担心。虽然他觉得这份工作“有时候很有意思”，但工作时间太长，而且任务也都是严格规定好的，因此想表现突出很难。“除了不喜欢这样的生活方式，”约翰抱怨道，“我还觉得自己的工作起不到更大作用。事实上，它还伤害了最脆弱的人群。”

在本章中，我们的讨论都是站在工匠思维这边去反对它的对立面（以激情为中心）。**工匠思维之所以令人激动，部分在于：它对于你从事的工作类型持不可知论的立场。理论上说，成就大事的那些特质是用职场资本换来的，它们并不来自于工作和内在激情的匹配。正因如此，你不必对是不是找到了自己的使命而感到焦虑，因为几乎任何工作都可发展成为一份有吸引力的工作。**约翰了解这个观点，而他给我写信的原因是他发觉很难将其应用到自己作为税务咨询师的工作中。虽然不喜欢自己的工作，但他想知道：他是不是应该像个好工匠那样忍受这份工作，继续关注于让自己变得优秀。这是一个很重要的问题。

我是这样对约翰说的：“听起来，你应该辞掉现在的工作。”通过思考，我清楚地发现，有些工作适合运用职场资本理论，而有些并不适合。

为了帮助约翰，我最后想出了三条特征，用来排除那些不具备良好基础的工作，即，你无法以它们为基础来打造自己所热爱的事业。

SO GOOD THEY CAN'T IGNORE YOU

不适用工匠思维的三条特征

1. 该工作无法让你有机会通过发展稀缺而宝贵的相关技能而与他人区别开来。

2. 你认为该工作所关注的内容是无用的或者甚至可能对世界有害。

3. 该工作迫使你与自己非常不喜欢的人一起工作。

一份工作假如带有上面这几项特征的任意组合，就会使你积累和利用职场资本的努力受挫。如果满足第一条特征，技能就不可能增长；如果满足后两条特征之一，那么即使能够积累到职场资本，你也很难坚持足够长时间来实现资本积累的目标。约翰的工作满足了前两条，因此他需要放弃。

再举一个例子：在写这本书时，作为麻省理工学院的一名计算机科学家，我收到过几封华尔街猎头的邮件，他们在为一些职位招人。这些职位提供了大量的技能发展空间，而且他们不在乎用很高的薪水来换取你的时间。“差不多有三四家华尔街公司付的薪水比其他家高，”最近给我写信的一家猎头说道，“这家公司就是其中之一。”后来，朋友们告诉我，这些公司的起薪在 20 万~30 万美元。然而对我来说，这些公司满足上面列举的第二个条件。意识到这点，我便在收到这些工作机会时，非常自信地把它们删掉了。

但是，值得注意的一点是：这些排除特征仍然无关乎一份工作是不是正好符合某种内在的激情。它们依然很笼统。因此，“正确地工作”仍胜过“找到正确的工作”。

我已经对工匠思维进行了讲解，并用上面举出的例外情况对其稍加限制。现在，该看看它的实际运用了。

阅读手记

精读引路人：孙路弘

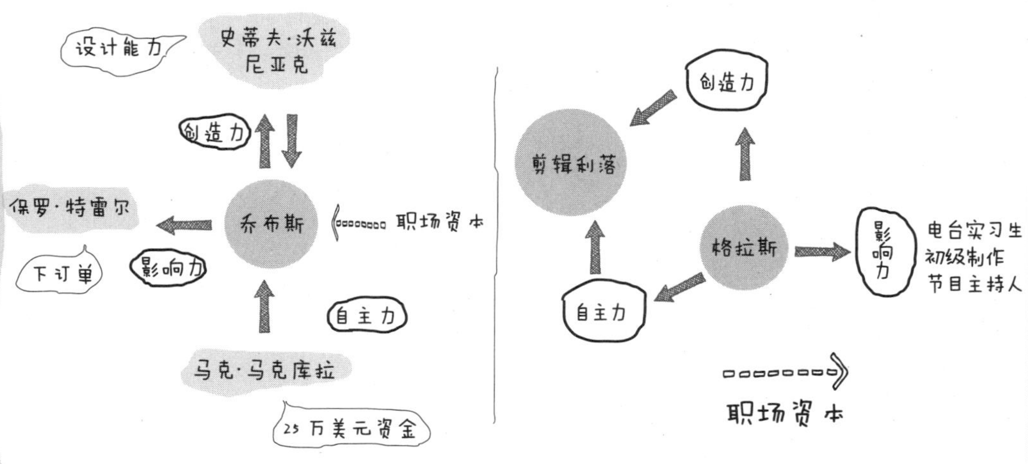

职场资本笔记

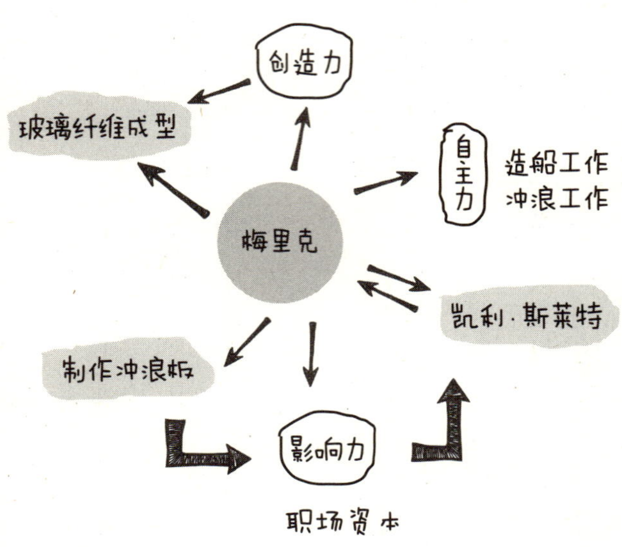

莉萨·福伊尔　38岁　辞职　瑜伽培训班　排队领福利
换轨　积累归零　现学赶时尚　环境变化，无抵抗力
激情思维

乔·达菲　42岁　跳槽独立部门　工作室　置地
固守　资本作用　客户作用　自然扩展
工匠思维

职场资本：

创造力：行业内的积累无人匹敌
影响力：业内各种人的交往
自主力：自我决定时间的用途

工匠思维三大天敌：

1. 无突出可能
2. 无价值可用
3. 无志同道合

06

SO GOOD THEY CAN'T IGNORE YOU

脱颖而出，每个人都可以成为职场资本家

电视“超级大富豪”的封闭世界

假设现在你希望被雇去做一部网络电视剧的编剧，那么首先要做的就是通过杰米（Jamie）他们这关。

杰米现年不到30岁，最近在为一部网络剧招收编剧。他同意让我窥探一眼他的世界，条件是不公开他和他那部剧的名字。我了解到的情况是，电视编剧不是一个容易进入的行当。据杰米介绍，整个招收过程是这样的：首先，制片人给经纪公司发邀请，要求他们把各自手下编剧们的作品发过来。杰米仅为他的那部剧就收到了大约100个包裹，每个包裹里都有一份剧本。这堆剧本经杰米看过、审定并打分后，只有20个左右会被送到制片人那儿做进一步考虑。要知道，制片人也雇了他们自己中意的老牌编剧。因此，也就没几个宝贵空缺能留给这次公开邀请的编剧了。

为了说明这个过程的竞争激烈程度，杰米给我发来一份他的剧本评估表。提交剧本的有100来个编剧。其中，除了14个人以外，其他人发过来的都是一部已经被制作播出过的剧本。在这还没入行的14人里，杰米给出的最高分是6.5分（满分为10分）。不过，这组的大多数人表现得差得多。“剧情平淡，故事讲得没意思，缺乏表现力或有趣的对白。”他这样评价一部得了4分的剧本。“这个剧本我只看了四分之一，但它烂得很明显。”这说的是另一个剧本。

换句话说，想进入电视编剧圈，其过程非常艰辛。然而，同时我能理解为什么成千上万的人渴望实现这一目标：这是一份很棒的职业。一方面是钱的因素。就拿一个收入中等的新编剧来说，美国编剧协会（Writer's Guild of America）规定的最低工资是每周2 500美元。按照标准的一季26周来算，这半年的工作收入是非常可观的。如果电视剧获得成功，一到两年后你就能成长为剧本编审。这个时候，按照一名资深电视编剧发表在Salon.com上的一篇文章里的说法，“你还能赚碗稀饭喝喝”。然而，据另一位编剧承认，这碗“稀饭”至少相当于10 000美元一集。等你做到下一个级别：制片人，情况就变得有意思了。一旦到了这个级别，“你就掉进钱堆里了”。制片人可以有7位数的进账。根据前面提到的Salon.com上的那篇文章，不少人用“超级大富豪”（kabillionaire）这个词来形容制片人的收入。

当然，你做别的工作也可以赚到很多钱。在高盛公司（Goldman Sachs）里，升得快的人也许在35岁左右会赚到7位数；一家著名的律师事务所的合伙人做了几年后也可能收入这么多。但是，华尔街和好莱坞在工作方式上的差别是很惊人的。想象一下：没有邮件、没有深夜的合同谈判、不需要掌握错综复杂的证券市场或法律判例，等等。作为一名编剧，你只需要关注一件事情：把故事讲好。工作强度可能很大，因为你要经常赶在最后期限前交出下一集的剧本，但也只不过持续半年而已。它非常具有创造性，而且你可以穿着短裤工作。另外，饮食非常棒，这一点别人跟我多次强调过。有个知情人就说过："编剧们对食物非常着迷。"用上一章讲到的术语来说，电视编剧工作很有吸引力，因为它具备让人热爱工作的三条特质：影响力、创造力以及自主力。

在我遇到亚历克斯·伯杰（Alex Berger）时，他已经成功地闯进了这个精英的世界。他最近卖了一个试播集给美国电视网（USA Network）。卖试播集就是卖想法：你坐在一间屋子里，面对着三四名电视台的主管，用 5 分钟时间来推销你的想法。对于像美国电视网这样的有线电视台，主管每周会听 15~20 场这样的推销会。之后，他们会到一边开起内部会议，从中选出三四部真正要买的剧集。伯杰的剧本就在他们那周买的 4 部剧里。

虽然，伯杰还要跨过几道关才能让他的剧在美国电视网播出，但卖出试播集这件事本身在这行就已经很让人印象深刻了，这说明你知道自己在干什么。似乎是为了强调这份印象的深刻程度，一位很喜欢伯杰作品的主管把他招了过去，为正在热播的谍战剧《邻家女特工》（*Covert Affairs*）工作，好让他在等待试播集的决定出来之前有点事情可做。倒不是说伯杰需要提高自己的知名度：他已经参与了 3 部电视剧的剧本创作和播出，因此才走到了这一步。他最近参与的作品是定格动画喜剧《格伦马丁 DDS》（*Glenn Martin DDS*）。这部剧由他和迈克尔·艾斯纳（Michael Eisner）共同创作，并且已经播出了两季。换句话说，在这个只容许极少数人跻身其中的行业里，伯杰无疑已经确立了自己的地位。

问题在于，他是怎么做到的？

伯杰勇闯好莱坞

电视行业难就难在它是一个“赢者通吃”型市场。这里只有一种职场资本，即作品质量；但却有成千上万满怀希望的人努力想挣足这种资本，从而讨得少数几个买家的欢心。

不过，伯杰在这方面有一个优势。他在达特茅斯学院（Dartmouth College）上学时曾是一名辩手，而且表现非常优秀：2002 年，他与另外一位搭档闯进了美国最高级别的全国辩论锦标赛；随后，伯杰更是获得了该项赛事的“最佳辩手奖”。辩论赛场与电视编剧圈一样，区分好坏的标准非常明了：评分系统很明确，人尽皆知。因此，想成为全国的最佳辩手，伯杰必须掌握持续改进的艺术。在了解后来他在好莱坞的成功经历后，我确信正是这种技能助推了他快速崛起。

当初决定去好莱坞时，伯杰的逻辑是典型的辩手逻辑，非常严密。“我心想，自己可以随时申请去上法学院，”他回忆道，“但实事求是地说，当编剧可能是我唯一可以尝试写作的机会。”伯杰承认，他在刚搬到西部时甚至不确定自己的目标是什么：“我有很多事情想做，但我不知道它们对我来说意味着什么。比如，我过去想做一名电视台主管，但不知道需要为此付出什么样的努力。我也想过自己可能成为一名电视编剧，但也不知道那意味着什么。”这不是“一个年轻人鼓起勇气去追随自己确信无疑的激情”的典型案例。

刚来到洛杉矶时，伯杰在国家讽刺文社（*National Lampoon*）找了一份网站编辑的工作。他发现这家公司对电视剧制作也感兴趣。本着“写你知道的”的精神，伯杰向他们竭力推销《主辩手们》（*Master Debaters*）这部剧，剧中安排几个喜剧演员在一群评委面前就一些幽默话题展开辩论。他收到了一笔不高的费用来拍摄试播集，而且在韦斯特伍德（Westwood）的博德书店（*Border's bookstore*）完成了拍摄。但是，电视剧集的制作是个艰难的游戏。最终，国家讽刺文社的这一尝试并没有走多远。

我之所以喜欢伯杰的经历，在于接下来他所做的事情：他辞去了国家讽刺文社的工作，又在美国全国广播公司（National Broadcasting Company，NBC）找到了一个开发主管助理的职位。正是到了这时，我看到伯杰的辩手本能又重新绽放出活力。**国际讽刺文社离电视这行太远了，无法让他明白如何才能成功。他接受了助理职位，把自己扔进了这个圈子的中心。在这里，他可以搞清楚所有的一切都是如何真正运作的。**

没过多久，伯杰便发现了为什么有的编剧可以成功吸引电视台的注意，而其他那么多人却做不到，那就是：他们写出了好剧本——这是一个艰巨得超乎很多人想象的任务。在这个想法的激励下，伯杰将注意力集中到写作上，大量地写作。在做助理的这 8 个月里，他把晚上的时间都花在了 3 个不同的写作项目上。首先，在伯杰离开国家讽刺文社前，他们已经将他的《主辩手们》的创意提供给热门录像带第一台（Video Hits One，VH1）选择。在做助理期间，伯杰仍在给 VH1 版本的试播集剧本润色。不过最后，与大部分试播集的命运一样，它没被 VH1 选上。与此同时，他与在国家讽刺文社遇到的一位制片人一起合作，为另一部不相关的电视剧写试播集剧本。另外，他自己还在写一部电影剧本，讲的是他在华盛顿特区的成长经历。“我会一直写到凌晨两三点，然后不得不在早晨 8 点出门，准时去 NBC 上班。”伯杰回忆道。那个时期的他非常忙。

做了 8 个月的助理之后，伯杰听说电视剧《白宫风云》（*West Wing*）的翻拍版、吉娜·戴维斯（Geena Davis）主演的《三军统帅》（*Commander In Chief*）的剧组有个编剧助理的职位空缺，于是趁机跳了过去。尽管从事的是一个低级职位，他还是得以近距离地观察职业电视编剧们的工作。另外，他给自己的作品集里又增加了一部：他为美国家庭影院频道（Home Box Office，HBO）的系列剧《抑制热情》（*Curb Your Enthusiasm*）写了推销用剧本，而且还雄心勃勃地向他们征求对他早期初稿的意见。"我认为自己需要多写一些样本才能接到活。"他回忆道。

在为《三军统帅》做编剧助理期间，伯杰开始向剧组推销剧情构思；做编剧助理的一个好处就是你的想法总能得到（很快的）考虑。在这部剧被停播前不久，他的一个构思终于引起了剧组的注意：围绕在一次巴基斯坦坠机事件中丢失的导弹，以及一场同性婚礼引发的政治影响而展开剧情。他和组里的专职编剧辛西娅·科恩（Cynthia Cohen）一道创作了一集初稿。

"如果你的 TiVo 还有空间，我建议你不要放过《三军统帅》开天辟地的一集。就在本周四，10 点。"伯杰在当时给朋友们的一封邮件中写道，"你也许要问为什么说是开天辟地？因为，就在本集的前 10 分钟里，电视网的历史上将会第一次出现'亚历克斯'和'伯杰'这两个词（请注意，是连在一起的哦），就在'编剧'一词下面。"

手里有了第一个制作播出的电视剧本，对现在的伯杰来说，事业发展的速度开始快起来。在《三军统帅》被停播之后，他又找了另一个低级职位。这一次，他是为制片人乔纳森·利斯科（Jonathan Lisco）工作，筹备后者为福克斯电视台（Fox）制作的新剧《劫后余生》（*K-ville*），该剧描写的是卡特琳娜飓风过后的新奥尔良市。由于他已经有了良好的写作功底以及一系列逐渐完善的待售剧本，这份工作变成了对他的一次非正式考验：他拥有了打动利斯科的机会，而且他做到了。后来，《劫后余生》的编剧团队有了一个空缺，而这个空缺就给了伯杰，这是他作为专职编剧而拥有的第一份正式职位。于是，他继续创作并播出了两集，直到这部剧被停播。

在《劫后余生》之后，一位伯杰和艾斯纳都认识的朋友牵线让他们碰了一次面。那个时候，艾斯纳刚刚离开迪斯尼公司，正打算创作一部电视喜剧，作为他以独立制片人身份参与的首个项目。伯杰之所以能得到这次见面机会，是因为他之前做过电视剧的专职编剧。然而，正是他为《抑制热情》所写的剧本让艾斯纳答应让他为自己的新构思创作一个试播集。艾斯纳很喜欢试播集的初稿，于是伯杰继续和他共同创作了电视剧《格伦马丁 DDS》。这部剧作为尼克儿童频道（Nickelodeon）晚间档的旗舰节目播出了两季。在《格伦马丁 DDS》的热度逐渐降低的时候，伯杰把他的试播集卖给了美国电视网，并且被他们招入电视剧《邻家女特工》的创作队伍里。这便回到了我最初介绍他时的背景。

伯杰的资本

要理解伯杰的几次转机，我们需要理解背后的职场资本。例如，对艾斯纳来说，让伯杰帮他创作一部剧，这的确是一个重大的决定。但仔细思考一下，这次转机的出现依赖于下面这个条件的实现：那个时候，伯杰已经做过一部电视剧的专职编剧，同时他的作品中有一部质量很高的喜剧剧本，而且经过了很多轮大刀阔斧的反馈和修改。这是一笔很重要的资本。

假如把时间再往前拨一点，看看伯杰是如何在《劫后余生》谋得一席之地的，那么你会再次发现一场资本的交易：他已经创作并播出了另一部电视剧，即《三军统帅》的其中一集。这是另一笔重要的资本。

再往前看看，作为一名低级别的编剧助理，伯杰是如何让自己的剧本在《三军统帅》播出的。你会发现，他的写作技能通过前几年孜孜不倦地磨炼已经成形了。期间，他经常同时忙于三四个剧本，而且一直在寻求反馈从而改进它们。那个刚离开校园、来到洛杉矶的亚历克斯·伯杰并不拥有这项写作技能资本。然而，等到为《三军统帅》工作时，他已经为自己的首场重大交易做好了各项准备。

SO GOOD THEY CAN'T IGNORE YOU

职场竞争力

伯杰快速崛起的经历不是一个关于“激情战胜挫折”的故事，它没有那么戏剧化。伯杰，这位曾经的辩论冠军冷静地分析了在这个市场里什么样的职场资本是有价值的。接着，他带着以前做辩论准备时的紧迫感，开始尽快地获取这种资本。这个故事少了一些活力，但却多了一些可重复性：伯杰闯入好莱坞的经历没有什么神秘之处——他只是理解了“让自己优秀”的价值及困难所在。

硅谷最值得拥有的工作

迈克·杰克逊（Mike Jackson）是韦斯特里集团（Westly Group）的一名投资总监。该集团是一家清洁技术风险投资公司，位于硅谷著名的沙丘路（Sand Hill Road）。说杰克逊的工作是值得拥有的，未免太过轻描淡写。“我有个朋友最近和一所顶尖商学院的院长吃了顿饭。”他对我说道，“在饭桌上，这位院长说，他们毕业班的每一个人都想做清洁技术风投。”杰克逊自己也有过类似的经历：他收到了商学院学生寄来的几十封邮件，都是询问他的从业经历。以前他还试着回复一下，但现在，由于时间紧张，他大都忽视掉。“每个人都想做我的工作。”他解释道。

有人觊觎他的职位并不奇怪。清洁技术很热门，它能造福世界；同时，杰克逊也承认：“你能赚到很多钱。”在这个职位上，杰克逊已经跑遍了全世界，会见过一些参议员，并且与萨克拉门托（Sacramento）和洛杉矶的市长都打过交道。有一次聊天时，他说奥巴马的竞选团队主管大卫·普劳夫（David Plouffe）经常“来办公室串门”。

SO GOOD THEY CAN'T IGNORE YOU

职场竞争力

我对杰克逊感兴趣的地方在于，和伯杰一样，他并不是追随某种明确的激情才在工作上如此优秀。相反，他认真而持续地积攒职场资本，并且相信宝贵的技能会转化成宝贵的机会。不过，与伯杰不同的是，杰克逊先开始积攒资本，然后才知道自己要用它来做什么。事实上，他从没想过要做清洁技术风险投资，直到第一次面试的一两个星期前。

做风投的能源专家

杰克逊在斯坦福大学的专业是生物和地球系统科学。在获得了学士学位之后，杰克逊选择再读一年拿到硕士学位。那个时候，指导他硕士研究的教授正考虑是不是要启动一项重大研究项目，来研究印度的天然气行业。因此，他借杰克逊的学位论文来做项目可行性方面的探索。2005 年秋季，杰克逊完成了研究生学业。导师很喜欢他的论文，于是启动了那个项目。自然而然地，他让杰克逊帮他主持项目。在这个节点上，杰克逊花了一年时间去熟悉项目的详细情况。

杰克逊天生好强。他带着一种紧迫感来对待这个项目，驱使他这样做的是下面这个信念：**自己现在做得越好，以后的选择就会越好。**“在那期间，我去了印度 10 次，去了中国四五次，另外还去了欧洲几次。”他回忆道，“我拜访了几家主要电力公司的高层，并且了解了全球能源市场是如何真正运作的。”2007 年秋季，在项目结束后，杰克逊和他的教授主办了一场重要的国际研讨会，发布并讨论了项目结果。学术界的同行和政府机构的官员都出席了这次会议。

随着项目完成，杰克逊不得不决定下一步要做什么。他从这个项目中获得了很多宝贵的技能，特别是对国际碳市场的运行有了“深刻的理解”。在这方面，他了解到，在美国有一种很少有人知道的交易，叫“可再生能源信用证市场”（renewable energy credits market）。“几乎没人理解这些东西。这个市场存在断层以及严重的信息不对称。”他回忆道。杰克逊是了解这个市场如何运作的少数几个人之一，于是他决定开始创业。他的公司叫“绿村”（Village Green），其设想很简单：客户付钱给杰克逊；他去完成复杂的交易，而这交易只有他和少数几个能源政策专家才真正明白；然后他给客户提供认证，证明客户已经为自己的商业活动购买了足够的碳补偿（carbon offset），可以被视为实现了碳中和（carbon neutral）。

杰克逊和一位斯坦福大学的朋友一起经营了这项业务两年，期间还换过好几个合伙人。他们的总部离他在旧金山的住处不远。公司从来没遇到过什么收支困难，但也成不了什么大气候。因此，当2009年经济衰退时，杰克逊和他的合伙人决定关掉公司，而不是守着公司、试图安然度过衰退。

“我们决定做些真正的事业。”杰克逊这样描述接下来发生的事情。事情的发展是这样的：杰克逊的一个朋友是喜剧演员，而那位朋友的女朋友参加了一个风投公司的面试。她决定不接受那份工作，但是推荐他们找杰克逊谈谈。“她觉得我很适合做风险投资，因为我有过自己开公司的经历。”他说。杰克逊知道自己不太适合这家侧重科技的基金公司。“我不知道下一个Facebook在哪儿，”他说，“但我可以告诉你一家太阳能公司有没有赚钱的可能性。”不过，他心想，既然自己以前还没经历过真正的求职面试，那么可以把这场面试当成一次很好的练习。

“这场面试相当中规中矩，因为大家早就清楚我不会接受这份工作，但我和面试官很投缘。”他回忆道。说话间，那位风险投资家有了一个想法。“知道吗，有家新成立的清洁技术基金公司很适合你。”他说，“我把你介绍给那边的一个朋友吧！”

2009年夏季，杰克逊以实习生身份开始了在韦斯特里集团的试用期。到了10月份，他成为了全职的分析师。不久之后，他被提拔为投资经理。两年后，他成为一名投资总监。“当人们问起我是怎么找到这份工作时，”他开起了玩笑，“我告诉他们要找个喜剧演员做朋友。”

杰克逊的资本

杰克逊以工匠思维来做好自己的每一件事，以此来确保自己可以从每一次经历中尽可能多地获取职场资本。他从没有过详细的职业规划。相反，做完每份工作后，他都会抬头看看有谁对他新收获的资本感兴趣，然后抓住看起来最有希望的任意一个机会，实现职业上的跃升。

有人会说，运气在杰克逊的经历中也起到了很重要的作用。他很幸运地通过个人渠道结识了一位风险投资家，然后私下见面时又很幸运地谈得来。然而，这些小的机遇也并不罕见。在杰克逊的经历中，最关键的是：**一旦误打误撞地得到了机会，他的职场资本便发挥了作用，最终让他得到了一份很好的工作。**

假如与杰克逊相处一段时间，你很快就会发现他对做好自己的事情是多么认真。他现在的确热爱自己的工作，但与他讨论时，他还是会很快便把话题转回到如何对待工作上去。在下一章里，你会进一步了解到：杰克逊用一张表格来追踪自己每一天、每个时刻的活动，详细到以 15 分钟为单位。他想确保自己的精力都花在了重要的活动上。“进到办公室里，然后把一天时间都花在邮件上，这样的事情太容易发生了。”他提醒说。在他发给我的样表上，他每天只给自己分配了 90 分钟用于处理邮件。在我们上一次谈话的前一天，他只花了 45 分钟在邮件上。这个人对做好自己的事情真的非常认真。

最终，杰克逊对能力（而非“天职”）的关注明显取得了成功。他有了一份很棒的工作，但这份工作要求提供很大一笔职场资本作为交换。

阅读手记

精读引路人：孙路弘

人物小档案

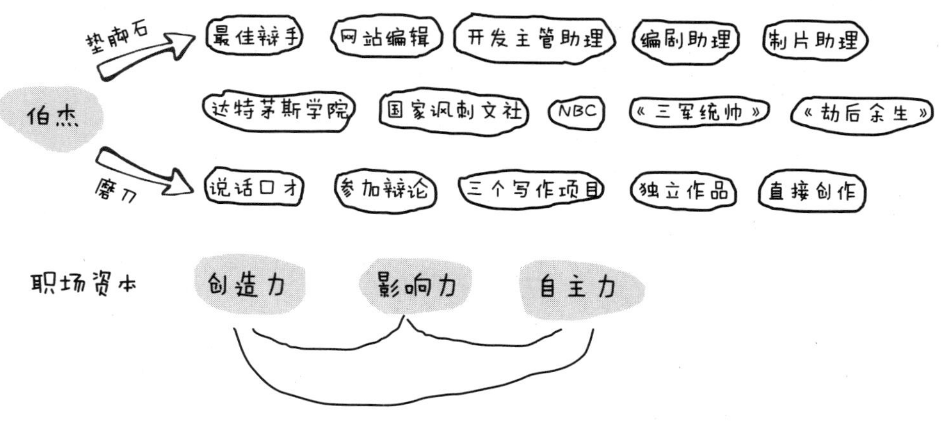

你该自己画一个杰克逊的职场历程。

职场资本笔记

07

SO GOOD THEY CAN'T IGNORE YOU

刻意练习，努力做一名好“工匠”

走到舒适区之外

我和泰斯都是从 12 岁开始玩吉他。在拿到第一把吉他后，我组建了一个乐队，并在几个月后进行了首场“演出”——在托尔盖特语法学校（Tollgate Grammar School）六年级才艺展示会上表演了慢速版的涅槃乐队（Nirvana）的《满怀歉意》（*All Apologies*），并收获了礼貌性的掌声。从此，我开始认真起来，从初中到高中都参加了专门的课程。从蓝调摇滚独奏到亨德里克斯（Hendrix）的唱片，我每天都在弹，一次能弹上好几个小时。我的乐队叫“摇椅”（Rocking Chair），虽说名字起得很怪，但一年也能表演十几场：节日、聚会、比赛……可以说是任何能允许我们架设备的场合。我们甚至曾在一个停车场对面的墓地里进行现场演奏。乐队鼓手的妈妈还录了像。当镜头从我们架在墓地前的设备上移到停车场，你就会发现，所谓的“观众”也不过是坐在折叠椅上的十来个人。尽管如此，她仍乐此不疲地放这段录像。

到高中毕业时，我已经能演奏从绿日乐队（Green Day）到平克·弗洛伊德乐队（Pink Floyd）的几百首歌。换句话说，我的技能已经达到一个认真练习某样乐器 6 年的人所应达到的专业水准。但是，我发现下面这点更有意思：跟同岁的泰斯相比，我实在是不怎么样。

泰斯开始接触吉他的年纪和我一样。但是，到高中毕业时，他已经和一群专业的蓝草乐手一起在中大西洋地区进行巡回演出，并且签下了他的首张唱片。在高中时，我所在年级的伪音乐迷们对原声乐团五分钱克里克乐队（Nickel Creek）大加赞赏，将其视为他们这些新新人类的“戴夫·马修斯乐队”（Dave Matthews）；而这时候的泰斯已经经常和该乐队的贝斯手马克·沙茨（Mark Schatz）一起进行现场演出。这样一对比，有个问题便冒了出来：虽然我们俩都认真弹了同样长的时间，但是为什么到最后我成了一名水平一般、只会摆弄乐器的高中生，而他却成了明星？

在我拜访泰斯没多久后，这个问题便有了答案。同样都是 18 岁，我们俩能力上的差异与练习时间关系不大（虽然他的总练习时数可能比我多，但也不会差得太大），而更多与我们如何利用这些时间有关。比方说，我对摇椅乐队时期最为深刻的记忆之一就是：每当弹奏的内容不太熟悉时，我便感觉不适。某个曲调在没有形成肌肉记忆时弹奏起来会带来精神上的紧张感，而我不喜欢这种感觉。因此，我很不情愿学歌，而且一首歌上手之后便抓着不放。在乐队排练期间，当节奏吉他手建议尝试点新东西时，我常常会感觉不安。他乐于盯着一段和弦然后突然插入，而我不喜欢。那个时候，虽然年龄不大，但我已意识到我的这种生理上的外加精神上的不适对演艺事业来说是个累赘。

再来比较一下泰斯最早接触吉他时的经历。他的第一个老师是父母在教会里的一个朋友。据泰斯回忆，他们上课的重点是从奥尔曼兄弟（Allman Brothers）的唱片中挑出前奏部分。“然后他会把前奏写出来让你去记？”我问。“不是的，我们只是用耳朵去听。”泰斯答道。换成那时同样上高中的我，靠耳朵去学习复杂的前奏部分，这个想法已远远超出我所能承受的精神压力和耐性的极限。但是，泰斯渐渐喜欢上了这样的劳作。在我的采访过程中，即使高中岁月已过去10年之久，泰斯仍能信手拿起他的老马丁吉他、弹奏出《杰西卡》（*Jessica*）的独奏部分——不知道为什么，他还记得。“旋律真是不错。”他说。

泰斯的早期练习不仅要求他持续地将自身能力扩展到舒适范围之外，还给了他即时的反馈。老师一直都在身边，泰斯解释道：“如果我搞砸了某段和声，他便打断并指出来。”

观察泰斯现在的训练体系，你会发现这些特征（紧张和反馈）仍是核心。为了熟悉新曲所需的大范围拨弦指法，他一直调整练习速度，甚至超出了他的舒适范围。如果弹错了某个音符，他便立即停下来，重新开始，给自己提供即时的反馈。练习期间，他的这种面部的紧张以及喘息式的呼吸甚至令人不忍直视，也无法想象这到底是一种什么样的感觉。然而，泰斯却乐于像这样一次练上几个小时。

这就说明了为什么泰斯会令我望尘莫及。我是玩，而他是练。这种对持续拓展能力范围的专注，在纳什维尔的录音乐师马克·卡斯蒂文斯的身上也得到了验证。当我去采访他时，他正在慢慢熟悉一段“降B调并带有大量封闭和弦以及烦人的对位的复杂新曲”。即使是卡斯蒂文斯这样水平足以获奖的乐师（乡村音乐学院奖最近提名其为“年度专业器乐演奏家”），也免不了要“以自虐的方式来练习”。

“为了形成肌肉记忆，我练得很辛苦，得靠不断地重复。”他说道。这正和泰斯长期的、技能拓展式的练习相呼应。“我练得越苦，弹得就越轻松，听起来也越好。”

SO GOOD THEY CAN'T IGNORE YOU

职场竞争力

当然，这些观察结论不只限于吉他演奏。策略上的差异导致一般的吉他演奏者（如我）与明星们（如泰斯和卡斯蒂文斯）的差别，而这种策略差异不只限于音乐领域。专注于拓展自身的能力范围并获取即时的反馈，这构成了某种更普遍适用的原理的核心。我越来越相信，这个原理几乎在任何领域都是成功获取职场资本的关键。

刻意练习，跨越绩效平台

如果想了解人们是如何逐渐变得善于做某事的，国际象棋是个绝佳的着眼点。一方面，国际象棋对能力的定义很清晰：棋手的排名。不同的国际象棋排名系统有着不同的流行度，目前被世界国际象棋联合会采用的是埃洛等级分系统（Elo system）。这套系统分值从零起、随棋手成绩的增加而增加。虽然计算方法很复杂，但它在很大程度上反映了棋手在正式比赛中的表现。棋手的成绩如果比预期好，那么分值就会增加；如果比预期差，那么分值就会下降。一名偶尔参加周末赛的纯新手的积分会是 3 位数。博比·费希尔（Bobby Fischer）最高达到了 2 785 分。1990 年，加里·卡斯帕罗夫（Garry Kasparov）成为首位达到 2 800 分的棋手。迄今为止的最高分为 2 851 分，也是为卡斯帕罗夫所得。[①]

另一方面，国际象棋的确很难。这也是为什么国际象棋在研究绩效方面被证明很有用的另一个原因。1997 年，为打败加里·卡斯帕罗夫，IBM 的超级计算机“深蓝”（Deep Blue）每秒钟必须分析 2 亿步棋；为了开局能占先得势，它要从储存了超过 700 000 场大师级对局的数据库中寻找棋路。鉴于国际象棋的难度，要下好棋所需要的策略会更明确，因而也更容易识别。

这些特性也解释了为什么科学家们早在 20 世纪 20 年代便开始研究国际象棋棋手。当时，三名德国心理学家开始合作研究大师们是不是拥有超群的记忆力。有意思的是，结果表明他们没有。虽然大师们在头脑中储存棋局的效率惊人，但是他们的回忆能力相当一般。还有一个更近的研究跟我们的关注点尤其相关。佛罗里达州立大学（Florida State University）的尼尔·查尼斯（Neil Charness）带领一支研究小组对国际象棋棋手的训练习惯进行了长达数十年的调查，并在 2005 年发表了结果。在整个 20 世纪 90 年代，查尼斯的团队一直在报纸上投放广告并在棋赛上分发传单，寻找有排名的棋手参与他们的项目。他们最终调查了全世界 400 多名棋手，目的是搞清楚为什么有些人下得比其他人好。每名棋手都填写了一份表格，提供自己学棋的详细经历。大体上，受访者们被要求重建一个时间线来还原他们成为国际象棋棋手的过程：几岁开始下棋，每年接受过何种训练，参加过多少场比赛，是不是有教练指导，指导的程度，等等。

之前的研究表明，要成为一名大师，至少要花约 10 年时间。心

① 该纪录已于 2012 年 12 月被挪威选手芒努斯·卡尔森（Magnus Carlsen）打破。——编者注

理学家安德斯·埃里克森（K. Anders Ericsson）指出：天才如博比·费希尔者也要投入10年训练，方能收获国际认可；他只是比大多数人更早地开始这种积累罢了。这就是“10年定律”，有时也叫“一万小时法则”[①]。这个定律从20世纪70年代至今一直在科学界广受关注，直到近几年来，才因马尔科姆·格拉德威尔（Malcolm Glad-well）在2008年出版的畅销书《异类》（*Outliers*）而流行起来。他是这样概括这个定律的：要在某项复杂任务上表现卓越，就需要进行时长至少达到最低限度的关键练习。这个观点不断出现在专业技能的研究中。事实上，研究者们已经确定了一个造就真正专家的神奇数字：**10 000小时。**

在《异类》一书中，**格拉德威尔据此认为，伟大的成就不在于天赋，而在于在正确的时间、正确的地点积累如此大的练习量**。比尔·盖茨？他不过是恰好上了一所高中，而这所高中是这个国家率先安装计算机的几所学校之一，还允许学生不受限制地使用计算机。这让他在他们那一代里率先在这项技术上积累到数千小时的练习时间。莫扎特？他的父亲是个训练狂人。等到莫扎特以神童身份在欧洲巡演时，他给儿子见缝插针安排的练习时间已是那个时代的同龄音乐人的两倍多。

SO GOOD THEY CAN'T IGNORE YOU 关键词

一万小时法则 (The 10 000-hour rule)

要在某项复杂任务上表现卓越，就需要进行时长至少达到最低限度的关键练习。这个观点不断出现在专业技能的研究中。事实上，研究者们已经确定了一个造就真正专家的神奇数字：10 000小时。

不过，令我感兴趣的是，查尼斯

① 关于“一万小时法则”，丹尼尔·科伊尔在《一万小时天才理论》中有详细的论述。此书中文版已由湛庐文化策划，中国人民大学出版社出版。——编者注

的研究并不局限于一万小时法则：他不仅研究人们努力了多久，还研究人们做了什么样的努力。具体来说，他们研究了一批下棋时间大致相同（10 000 小时左右）的棋手。这些棋手中，有的成了大师，而有的仍是中级水平。这两组人的训练时间都一样，那么，能力上的差异应该取决于他们如何利用这些时间。查尼斯想探究的正是这些差异。

在 20 世纪 90 年代，这是个很有意义的问题。当时，在国际象棋界，围绕精进技艺的最佳策略人们展开了一场争论。一方认为，联赛参与（tournament play）是关键，因为它让棋手在紧张的时间和各种干扰中得到训练；而另一方则强调严肃研究（serious study），即花大量时间看书以及在老师的帮助下找出缺点并改正。在查尼斯的研究中，受访者们认为联赛参与可能是正确的选项。结果，他们错了。在严肃研究上所花的时间不仅是预测棋艺的最重要因素，而且还支配着其他因素。研究发现，成为大师的棋手专门花在严肃研究上的时间是停滞在中级水平上的棋手的 6 倍。在 10 000 小时里，大师们专门花在严肃研究上的平均时间约为 5 000 小时。相比之下，中级水平的棋手在这上面只花了约 1 000 小时。

再进一步分析，严肃研究的重要性就更加突出。查尼斯总结道："在严肃研究中，材料是精心挑选或修改的，这使要解决的问题处于一个适中的难度水平上。"与之形成对照的是，在联赛参与中，棋手碰到的对手可能明显优于或者劣于自己。在这两种情况下，"棋艺上的进步可能会比较小"。此外，在严肃研究中，反馈是即时的：或者是从书上查找棋局的破解之道，或者是从专业的教练那里得到反馈（对认真的棋手来说更常见）。例如，挪威新秀芒努斯·卡尔森每年支付 700 000 美元给加里·卡斯帕罗夫，为的是打磨他那原本依赖直觉的棋风。

请注意，国际象棋的情况多么符合我们之前对吉他练习的讨论。顶级棋手所采用的“严肃研究”听起来很像是泰斯学习音乐的方法：它们都注重进行有难度的活动，而这些活动都经过了仔细挑选，可以拓展最需要改善的能力，并且能提供即时的反馈。同时还要注意，国际象棋的“联赛参与”就像我学习吉他的方法：有趣且令人兴奋，但并不一定提高你的水平。我花了大量时间弹奏熟悉的歌曲，其中也有大量的时间花在了舞台上。正如查尼斯研究中的中级棋手，我是在放任这些容易让人满足的无用功堆积；而在同样的岁月里，泰斯则辛苦积累着严肃研究的经验，最后表现非凡。

在 20 世纪 90 年代初期，查尼斯在佛罗里达州立大学的同事埃里克森创造了“刻意练习”这个术语来描述这种严肃研究，并把它正式地定义为“一项通常由一位老师所设计的、以有效改善某一个体的某方面表现为唯一目的的活动”。随后的几百项研究表明，刻意练习在很多领域都是通往卓越的关键。这些领域包括：国际象棋、医学、审计、编程、桥牌、物理学、体育、打字、杂技、舞蹈，以及音乐。如果你想了解专业运动员才能的源头，那就看看他们的训练安排。他们几乎毫无例外地从小就一直在专业教练的指导下，系统地拓展自己的竞技能力范围。如果你反过来问格拉德威尔，他的写作技能是从哪儿来的，他也会回答刻意练习。他在《异类》一书中提到，在《华盛顿邮报》的编辑部里，他花了 10 年时间来打磨自己的写作技巧，之后才去了《纽约客》（*New Yorker*）并开始创作自己的成名作《引爆点》（*The Tipping Point*）。

SO GOOD THEY CAN'T IGNORE YOU 关键词

刻意练习 (Deliberate practice)

一项通常由一位老师所设计的、以有效改善某一个体的某方面表现为唯一目的的活动。它要求将自身能力拓展到舒适范围以外，然后不断接收反馈。

“当专家们向公众展示自己的杰出成就时，他们的举止看起来是如此轻松自然，以至于我们不禁将其归结为特殊天赋。”埃里克森写道，“然而，当科学家开始测量专家们所谓的‘超能力’时，没有发现一般意义上的优势。”换句话说，除了一些极端个例，如职业篮球运动员的身高、橄榄球前锋的腰围等，科学家们并没有找到多少天赋能力的存在证据，可以用来解释专家们的成功。**只有刻意练习的终身积累能一次又一次地解释人们表现卓越的原因。**

关于刻意练习，有一点我觉得很重要：它并不起眼。除了在国际象棋、音乐以及竞技体育等存在清晰的竞争结构和训练体系的领域，很少有人参与这方面的训练，哪怕以类似的方式来发展个人技能。根据埃里克森的解释：“大多数一开始就活跃于专业领域的个体都会在有限的时间内改变自己的行为并且提升自己的绩效，直到达到某种可以接受的水平。然而，在此之后，你无法预料何时才能进一步提升，而工作年数不足以预测一个人所能达成的绩效。”换句话说，**假如只是努力工作，那么你很快就会来到一个“绩效平台”(performance plateau)，之后便无法取得任何进步**。这正是吉他演奏上的我、只认联赛参与的国际象棋手以及大多数简单投入时间的知识工作者所遇到情况：我们来到“平台”了。

当我第一次了解到埃里克森和查尼斯的研究成果时，他们的观点让我感到震惊。它意味着，在大部分工作，即那些没有一套清晰的训练体系的工作上，大多数人都被卡在那儿了。这也意味着很令人兴奋的一点：假如你是一名知识工作者，所在的领域没有什么清晰的训练体系，那么如果你能搞清楚如何将刻意练习融入自己的工作，就有可能在个人价值上超越你的同行，因为你很有可能是唯一专注于系统地取得进步的人。也就是说，刻意练习也许是快速让自己变得“优秀到不能被忽视”的关键所在。

因此，想要成功地运用工匠思维，我们必须以泰斯对待吉他演奏或者卡斯帕罗夫对待象棋训练那样的方式来对待我们的工作，即：投身于刻意练习之中。如何实现这一艰巨的任务，将是本章剩余部分所要论述的。在下一部分开始前，我想先说明一点：我并不是第一个有这个想法的人。我们如果重新审视亚历克斯·伯杰和迈克·杰克逊的经历，就会发现：他们探求自己热爱的工作的过程正是以刻意练习为核心的。

拓展能力范围，执着地寻求反馈

仔细想想伯杰的经历：他用了两年时间从助理升到一部在全国播放的电视剧的创作者之一。他对我说，让自己的写作达到“电视台水平”少说也得两年，多的话得 25 年。根据他的解释，他能在“快车道”上发展，是因为自己对进步有着辩论冠军式的执着。“我对不断进步的渴求永无止境。”他说，“就像是进行一项运动，你必须练习、必须研究。”伯杰承认，即使现在自己已经是个有地位的编剧，他仍然在看编剧类书籍，寻找自己的技艺中可以改善的地方。他说，“这是个持续的学习过程”。

在伯杰身上，我还注意到，这种学习不是孤立完成的。“你需要不断地从同事和专业人士那里寻求反馈。”他告诉我。在其崛起过程中，伯杰始终选择那些可以迫使自己向他人展示成果的项目。例如，还在 NBC 做助理时，他一直在写两部试播集剧本：一部是给 VH1，另一部是和在国家讽刺文社认识的一位制片人一起合作。在这两种情况下，都有人在等着看他的剧本，这样不可避免地要让自己的剧本被审阅、被剖析。再举一个例子。他为《抑制热情》所写的剧本帮助他得到了为艾斯纳工作的机会，而这个剧本在伯杰的要求下接受了他的同事们的多次审阅。“现在回想起来，我竟然把它拿给别人看，真是令人羞愧。”伯杰回忆道。然而，这对他的进步来说是必不可少的。“我希望 10 年后再看我现在写的东西时，也会说出同样的话。”

SO GOOD THEY CAN'T IGNORE YOU 关键词

绩效平台 (Performance plateau)

大多数一开始就活跃于专业领域的个体都会在有限的时间内改变自己的行为并且提升自己的绩效，直到达到某种可以接受的水平。然而，在此之后，进一步的改善似乎无法预知，而工作年数不足以预测一个人所能达成的绩效。

在伯杰身上，我们看到的正是埃里克森所定义的刻意练习的关键特质。他通过以下方法拓展了自己的能力范围：接受超出其当前舒适区的项目；不是一次只接一个，而是经常同时接三四个写作任务；另外，他白天一直都还有工作要做！同时，他在所有事情上都执着地寻求反馈——虽然现在看来，他对当初发出去的剧本质量感到羞愧。他所做的正是教科书式的刻意练习，而且这样做是行得通的。它让伯杰在一个“赢者通吃”的市场里获取了职场资本，而这个市场对职场资本的吝啬是出了名的。

在杰克逊身上，我们看到他同样致力于刻意练习。在成为风险投资家的每个发展阶段，他都会把自己扔到一个超出自己当前能力范围的项目里，然后竭力使这个项目成功。他承担了一个很大的硕士论文项目，然后将其转化为主持一项更大的国际研究项目的机会。他凭借这个项目进入了残酷的创业圈，而在这片天地里，没有外部投资的他，正是依靠快速搞清状况的能力才得以支付起自己的租金。

另外，在其发展历程的所有阶段，杰克逊不仅一直在拓展自己的能力范围，而且还得到了直接反馈。主持国际研究项目的工作要做好接受同行评议的准备，即典型的不留情面的反馈。在经营自己的创业项目时，这种反馈是以“赚了多少钱”的形式呈现。如果经营不善，就逃脱不了破产——这就是对他的批评。

现在做了风险投资家，杰克逊仍然专注于拓展自己的能力范围，并以反馈作为指导。他所选择的新工具是一张表格，用来追踪自己每一天、每个小时的活动。“在新的一周开始时，我会想好自己要花多少时间在不同的活动上，”他解释说，“然后进行追踪，看看结果离自己的目标有多远。”在发给我的样表上，他将自己的活动分为两类：固定的（每周不可避免的应酬）和可变的（可以控制的自主活动）。他在每一类上所花的时间如表 7-1 和表 7-2 所示。

表 7-1　　固定事项

活动	分配小时数
电子邮件	7.5
早餐／午餐／其他	4
计划／组织	1.5
合伙人会议／行政	4
每周融资会议	1

表 7-2　　可变事项

活动	分配小时数
修改融资材料	3
融资过程	12
尽职调查研究	3
建立交易管道	3
会议／致电潜在投资者	1
与投资组合公司合作	2
交际／提升自我	3

杰克逊用这两张表要达到的目的，是让自己更“有意地”开展工作。“最简单的事情就是早晨出现在办公室，然后全天都在回邮件。”他解释说，“但那不是分配时间的最佳策略。”杰克逊坦承自己不怎么“收发邮件”。甚至在我们已经为本书做过几次访谈之后，我给杰克逊发邮件询问见面时间时，也只是偶尔才收到回复。最后，我终于明白：在他去帕洛阿尔托（Palo Alto）的办公室的路上给他打电话才行。当然了，仔细想想，对杰克逊来说，这样做绝对是有道理的。每天花时间整理来自像我这样的作家或商学院学生寻求指点的无关紧要的邮件，以及处理其他琐事，都会削弱他的融资能力和发现好公司的能力，并最终会妨碍他的工作，而工作是评判他的价值的依据。他会因没空而惹恼某些人吗？可能会。但是，就拿我来说，我最后被迫在他通勤期间给他打电话，这说明：重要的事情仍然能找上他，不过要按照他的时间来安排。

再看一看杰克逊的时间分配表，你还会注意到，他严格限制专门花在不易变动的任务上的时间（18 小时），因为这些任务并不能让他更擅长于自己所做的事情。相反，他一周的大部分时间都放在了重要的事情上（27 小时）：融资、审查投资以及协助他的基金公司运作。假如他没有这样细心地去追踪，这个比例可能会大大不同。

杰克逊的做法是在工作中运用刻意练习策略的绝佳范例。“**我想把时间花在重要的事情上，而不是花在紧急的事情上。**”杰克逊解释道。每周结束时，他都会把这些数字打出来，看看自己的目标实现得如何，然后以此作为下一周的参考。他在不到 3 年的时间里被提拔了 3 次，这个事实突出反映了他的这种刻意方法的有效性。

刻意练习的 5 大步骤

伯杰和杰克逊的经历给我们提供了刻意练习在知识工作背景下的良好范例。不过，想搞清楚如何在自己的职业生涯中运用这种策略仍然很困难。因此，我参考了刻意练习方面的研究文献，并且从伯杰和杰克逊这样的“工匠”的经历中汲取经验教训，从而搭建出成功运用该策略的一系列步骤。接下来我将详细讲解各个步骤。虽然不是什么神奇的套路，但刻意练习是一个非常有技术含量的过程。因此，我希望我的讲解能让你行动起来。

|步骤 1：判断自己身处哪一种职场资本市场|

为了表述清楚，我要引入一些新的术语。在获取某一领域的职场资本时，你可以想象自己身处某个特定类型的职场资本市场。这样的市场有两种：赢者通吃型和拍卖型。在赢者通吃型市场里，只有一种职场资本可以获取，并且有很多不同的人在争夺这种资本。电视编剧这行就是一个赢者通吃型市场，因为最关键的是写出好剧本的能力，也就是说，唯一的资本类型就是剧本创作能力。

相比之下，拍卖型市场的结构就比较松散：这里有很多不同类型的职场资本，并且每个人都可以生成他们自己独有的资本。清洁技术领域就是一个拍卖型市场。例如，杰克逊的资本包括可再生能源市场的专业知识以及创业能力，但是还有种种其他类型的相关技能也可能让人在这一领域谋得一份工作。

基于这一点，**要想制订一个刻意练习的策略，第一个任务就是搞清楚自己是在哪种类型的职场资本市场里打拼。**这个问题可能看起来很简单，但出乎意料的是，人们很容易出错。实际上，在我看来，伯杰最初正是在这上面犯了错。在来到洛杉矶之后，他把娱乐产业当成一个拍卖型市场。他在国家讽刺文社做了一名网站编辑，开始结识一批20岁左右的幽默作家，而且还为该文社的一部低成本电视剧拍摄了试播集。这些行为在一个拍卖型市场里是有意义的，因为在那个市场里，广泛积累职场资本是重要的。但是，娱乐产业不是一个拍

SO GOOD THEY CAN'T IGNORE YOU 关键词

职场资本市场 (Career capital markets)

在获取某一领域的职场资本时，你可以想像自己是从某类具体的职场资本市场中获取资本。这种市场有两类：“赢者通吃”型和“拍卖”型。在赢者通吃型市场里，只有一种职场资本可以获取，并且有很多不同的人在争夺这种资本。而拍卖型市场的结构就比较松散，这里有很多不同类型的职场资本，并且每个人可以生成他们自己独有的资本。

卖型市场；相反，它是赢者通吃型。正如伯杰所发现的，假如你想从事电视编剧这行，最关键的只有一点：你的剧本质量。他花了一年时间才意识到自己的错误。意识到错误后，他便离开了国家讽刺文社，并且成为一名电视台主管的助理，从而更好地理解对他来说唯一有价值的资本类型。正是从这个时候开始，他才得到了职业发展的动力。

把赢者通吃型市场误认为拍卖型，这很常见。我经常在一个与我自己的生活密切相关的领域里见到这种情况：博客。很多人给我发邮件询问如何提高他们博客的关注量，其中很典型的一封是这样写的：

> 我已经发完了第一个月的博客并且有了大约 3 000 的浏览量。但是，跳出率却高得不可思议，特别是发布在 Digg 和 Reddit[①] 上的文章，跳出率接近 90%。我想知道你认为我下面该做什么才能把跳出率降下来。

这位新博主把博客圈看成一个拍卖型市场。按照他的想法，和博客相关的资本有很多不同的类型：格式、更新频率、搜索引擎优化、在社交网络上被发现的容易程度等。这位博主还认真地花时间把每篇博文都转发到尽可能多的社交网站上。他透过统计数字来看这个圈子，并且希望自己可以凭借正确的资本组合得到想要的数字来赚钱。然而，问题是，咨询建议类博客，即他的个人主页所属的类型，不是一个拍卖型市场，而是赢者通吃型。唯一关键的资本是你的博文能吸引读者。

此类中的一些顶级博客，虽然它们的网页设计笨拙得出了名，但是都达到了相同的基本目的——启发读者。如果正确理解了博客所在的市

① 对于 Digg 和 Reddit 感兴趣的读者可参阅《无须等待：YC 合伙人的创业课》。此书已由湛庐文化策划，浙江人民出版社出版。——编者注

场，就不会再去计算跳出率，而是开始关注于写人们真正关心的内容。想要成功，这才是应该投入精力的地方。

相比之下，杰克逊就正确地识别出自己所在的市场是拍卖型市场。他不确定自己到底想做什么，但知道可能会跟环境有关，于是他开始获取跟这个宽泛的话题相关的任何资本。

|步骤 2：识别出自己的资本类型|

一旦确认了所处的市场类型，你就必须识别出要去追求的具体资本类型。假如你处于一个赢者通吃型市场，那么这一步无关紧要。根据定义，这里只有一种关键的资本类型。然而，**在一个拍卖型市场里，你拥有很大的灵活性。在这种情况下，一个有用的试探方法就是寻找“窗口”，即那些已经向你敞开的积累资本的机会。**例如，在完成学业后，杰克逊下一步做的就是和斯坦福大学的一位教授合作进行后者的环境政策研究。这个决定帮助杰克逊获取了一种关键的职场资本：对国际能源市场的细微理解。但是，同时还要注意，这个机会对杰克逊敞开是因为他已经是一名斯坦福大学的学生，并且在这一领域取得了一个学位。对他来说，进入这一新角色相对容易。相比之下，让斯坦福大学以外的人来负责如此重要的项目，这个可能性则要小很多。

|步骤 3：定义“优秀”|

一旦确认了要培养的具体技能，你就可以开始按照刻意练习策略的相关研究成果来指导自己。这方面的文献告诉我们的第一点是：**你需要有明确的目标。如果不知道自己要达到什么样的目标，你就很难采取有效的措施。**《财富》杂志编辑杰夫·科尔文（Geoff Colvin）写过一本有关刻意练习的书。他在《财富》杂志上的一篇文章里这样写道：“（刻意练习）需要有一个好的目标。”

如果你去问一位乐手，比如泰斯，“优秀”对当时的他来说意味着什么，那么答案会很明确，因为总有一些新的、更复杂的技巧要掌握。对于伯杰来说，“优秀”的定义也很清楚：他的剧本受到了别人的重视。具体来说，还在做助理时，他所忙于的项目之一便是创作一个剧本交给经纪公司。对于处于职场资本积累早期的他来说，“优秀”意味着拥有一个足够好的剧本从而找到一位经纪人。成功实现这一目标意味着什么是很明确的。

步骤 4 :“拉伸”与“摧毁”

在上面引用的那篇文章中，科尔文就刻意练习给出了下面这条提醒：

> 做我们擅长做的事情是令人愉悦的，但刻意练习的要求恰恰与之相反。刻意练习首先要努力集中注意力和精力。这是它的“刻意”之处，而大多数人只是在进行弹几下琴或挥几下网球拍这样不需要思考的活动。

本章前面提到过，根据埃里克森的解释，如果你按照要求去工作，能力就会达到一个“可以接受的水平”，之后便处于“平台期”。刻意练习的好处是，它会让你度过“平台期”，从而进入少有竞争者的天地；而坏处则是，很少有人能实现这一成就，因为它具有科尔文向我们提醒的一个特性，也就是说，刻意练习通常是“令人愉悦”的对立面。

我喜欢用“stretch”（拉伸）这个词来描述刻意练习的感觉，因为它符合我在进行这项活动时的亲身经历。每当我学习一种新的数学方法（典型的刻意练习）时，脑海里的不适感会极其接近身体上的紧张感，就好像我的神经细胞本身正在进行重组，形成新的构造。任何一位数学家都会承认，这种“拉伸”的感觉，与应用已掌握的方法时的感觉有很大的不同；后者会是令人愉悦的。但同时，他们也会承认，这种“拉伸”是取得进步的前提条件。

这就是你在追求“优秀”的过程中应该有的经历。如果没有感到不适，那么你可能就卡在某个“可以接受的水平”上。

SO GOOD THEY CAN'T IGNORE YOU

职场竞争力

然而，突破自己的舒适范围只是刻意练习的一部分；另一部分是积极接收真诚的反馈，即使它“摧毁”了你自认为优秀的东西。科尔文，《财富》杂志上的那篇文章中解释道：“你也许认为自己的面试演练得天衣无缝，但是你的想法不算数。”我们很容易就假设自己做完的事情都是足够优秀的，然后把它从待办事项上划去。但是，只有真诚的、有时甚至是犀利的反馈，才能让你知道该把注意力重新放在哪里，从而继续取得进步。

例如，伯杰就千方百计地保证自己能收到持续的反馈。回想一下：在认真追求电视编剧职场资本的第一年里，他在写两部试播集：一部给VH1，另一部是和在国家讽刺文社认识的一位制片人一起合作。在这两种情况下，他都是在和专业人士一起工作，而这些人会毫不犹豫地让他知道自己的写作哪些行得通、哪些行不通。虽然他现在说自己对那个阶段发出去寻求反馈的作品的质量感到颇为羞愧，但他也承认，那些不断收到的犀利反馈加速了自己的能力增长。

|步骤5：要有耐性|

2007年，史蒂夫·马丁在与查理·罗斯的访谈中这样解释自己学习班卓琴的策略：“我当时想，假如一直坚持，那么总有一天我就已经弹了40年。任何人只要40年都坚持做一件事，就会相当擅长这件事。”

对我来说，这种姿态表现出了他惊人的耐性。班卓琴学起来很困难，正因如此，马丁愿意为了将来的“果实”而耕耘40年。也就是说，他认识到，在此之前要经历令人气馁的艰难岁月，并忍受平庸的演奏水平。马丁在他的回忆录中详细解释了这一点，他谈的是“勤奋”对自己在娱乐圈的成功所起的重要作用。有意思的是，马丁重新定义了“勤奋”这个词，使其少了一些“专注于自己的主要追求”方面的含义，而多了一些“愿意忽视一路上冒出的其他追求，不为之分心”的含义。在事业上运用刻意练习策略的最后一步就是要采取这种勤奋的态度。

这种观念的逻辑是：**职场资本的获取需要时间**。伯杰花了两年时间来真正进行刻意练习，之后才有了首部被制作播出的电视剧本。杰克逊在大学毕业五六年后才用自己的资本换取了一份理想工作。

这就是马丁的勤勉观如此重要的原因：**如果不以这种耐心和意志来拒绝那些光鲜的新追求，你的努力就会脱离正轨，你就无法获取所需的资本**。我想象了一个画面：马丁拾起班卓琴，然后40年如一日地弹琴。这样的画面令人伤感，但却真实反映了获取职场资本时的感受：你不断拓展自己的能力范围，日复一日、年复一年，然后终于有一天，你抬起头并且意识到：“嘿，我已经足够优秀了，人们开始注意我了。”

阅读手记

精读引路人：孙路弘

两条路径

- 泰斯：6年 几百首 18岁 听 及时反馈 遇错重来 肌肉记忆 → 卓越
- 玩吉他：时间 曲子 年龄 入门方式 辅助方式 训练方式 认知方式
- 作者：6年 几百首 18岁 练 阶段测试 弹完就行 脑力熟悉 → 平庸

刻意练习：

- 判断职场资本市场类型
  - → 赢者通吃型 单一技能比较，优者胜
  - → 拍卖型 零散分散技能比较，自我磨练独到技能
- 构建自己的职业资本 两种类型规划
- 打磨单项至卓越 明确的目标
- 专业方式练习 严肃、及时反馈调整
- 耐性 10000 小时

职场资本笔记

SO GOOD THEY CAN'T IGNORE YOU

规则三
幸福来自于自主力

WHY SKILLS TRUMP PASSION IN THE QUEST FOR WORK YOU LOVE

SO GOOD THEY CAN'T IGNORE YOU

- 没有成果，就没有工作，就是这么简单。
- 无论你如何投入地追求某种生活方式，也不意味着别人就得同样投入地支持你。
- 勇气文化天真烂漫的口号太过粗糙，无法指导我们安然通过这一充满陷阱的地段。
- 假如没人在乎你干什么，这说明你可能没有足够的职场资本来做有意思的工作。
- 要做有人愿意埋单的事情。

08

SO GOOD THEY CAN'T IGNORE YOU

理想工作的“万灵药”

红火农场的神秘吸引力

2000 年，瑞恩·福瓦朗（Ryan Voiland）大学毕业，拿到了一所常春藤盟校的文凭。他没有和自己的同学一样进入大城市的银行或管理咨询公司工作，而是做了一件令人意外的事情：他买了一片农田。瑞恩的农场在马萨诸塞州的格兰比（Granby）。这是该州中部的一个 6 000 人的小镇，在阿默斯特（Amherst）以南不远。格兰比的土地质量良莠不齐，因为它距离西面的康涅狄格河（Connecticut River）太远，无法得到河谷中的优质土壤。然而，瑞恩仍设法在自己的田里种出了各种水果和蔬菜。他把这份刚起步的事业称为“红火农场”（Red Fire Farm）。

2011 年 5 月，我来到红火农场，打算在这里待上一天。那个时候，瑞恩种了 28 万平方米的有机作物。现在，他与妻子萨拉（Sarah）一起工作。红火农场的主要收入来源是他们的“社区支持农业”（Community

Supported Agriculture，CSA）项目。在播种季开始时，这个项目的认购会员会购买一份农场的产出，然后每周到分布全州的配送点提取自己的产品。2011 年，该项目拥有约 1 300 名 CSA 会员，而且开始要谢绝一部分人参加，因为他们满足不了那么多需求。

换句话说，红火农场是成功的。不过，这并不是吸引我来到格兰比的原因。我安排了一天时间跟着瑞恩和萨拉，是为了一个更私人的原因：我想搞明白为什么他们的生活方式如此吸引人。

声明一下，我不是唯一一个被红火农场吸引的人。这家农场有它的“粉丝”。瑞恩和萨拉全年都在举行特别的活动，例如夏季的庆祝草莓收获的晚餐会或是秋季的南瓜节，而这些活动的入场券很快便销售一空。在上一次参观期间，我无意间听到一位中年妇女对她的朋友说：“我就是喜欢瑞恩和萨拉。”而且我相当肯定他们以前没有见过面。瑞恩和萨拉以及他们的生活方式所代表的理念足以吸引她来到格兰比。

当然，这种吸引力不只是红火农场才有。远离永无休止的竞争去开一家农场，或是与土地和谐相处，这是困在办公隔间里的人们的永恒幻想。近年来，《纽约时报》经常拿一些前银行家们开玩笑，讲他们动身前往佛蒙特州（Vermont）开农场的故事，而故事的结尾通常是银行家偷偷溜回了家，手里握着满是泥土的帽子。身处户外、头顶着太阳、眼前看不到电脑屏幕……这样的工作场景的确很吸引人。但是，为什么？

在这个问题的驱使下，我参观了红火农场。我不大可能搬到乡村，但我心想：如果能从这种生活方式中剥离出某些吸引我的内在特质，也许就可以将这些特质融入自己的城市生活。换句话说，在对“人们如何才能最终爱上自己的事业”这个问题的探求过程中，搞清红火农场的吸引力成了我的一个关键目标。于是，我给瑞恩和萨拉写信，询问是不是可以让我跟着他们一天。一得到他们的同意，我就装起笔记本，擦净工作靴上的灰尘，然后一路向西开车出了波士顿：我的任务是“破解”红火农场的“密码”。

自主才是仰慕者追求的东西

开始参观没多久，我和瑞恩还有萨拉就在他们的农舍里一起吃了午饭。他们的厨房很小，但是空间利用得很充分，里面放满了一摞摞的食谱以及贴着手写标签的香料罐。他们做了菜豆三明治，用的是含有 9 种谷物的当地面包，上面放着厚厚的切达奶酪（cheddar）。吃饭时，我问瑞恩是如何成为一名全职农夫的。我觉得，要想理解他现在的生活有什么吸引人之处，首先得了解他是如何做到这一步的。

正如前两部分所阐述的，我的探求进行到现在，在“人们如何才能最终爱上自己的事业”这个问题上，我已经形成了一套有别于传统的理论。在规则一中，我的论述是：“追随自己的激情”是个糟糕的建议，因为对于大多数人而言，并没有一个事先存在的激情等待被发掘，然后去和某个工作相匹配。接着，在规则二中，我提出：那些从事着有吸引力的职业的人是通过让自己在某些稀缺而宝贵的方面有所擅长，即建立我所谓的“职场资本”，然后将其“兑现”为成就大事的特质，从而开创了一番事业。根据这种理解，与“正确地工作”相比，“找到正确的工作”便显得无足轻重了。瑞恩一边吃午饭一边给我讲述了他的经历。听完之后，我欣喜地意识到，他的人生可以作为研究这些观点在实际中运用的绝佳案例。

首先，我要强调一点：瑞恩并不是追随自己的激情才经营农场的。相反，跟很多最终爱上自己工作的人一样，他是误打误撞地从事了这个职业。之后，他发现随着技能的增长，自己对这份工作的热情也与日俱增。瑞恩长在格兰比，但不是出自一个务农家庭。“从小到大，我并没有接触多少专业种植。”他解释道。上中学时，瑞恩培养了一个很常见的兴趣：赚零花钱。天性中的创业精神让他开展了一系列的方案：送报纸，为当地的回收中心收集瓶瓶罐罐，等等。然而，当他开始采集野蓝莓并装在纸盒里卖时，其商业上的突破来临了。“我在路边支了一把伞，”他对我说，“于是就有了我的第一个农产品摊子。”他发现，这是一条赚钱的好门路。

接着，瑞恩从摘野蓝莓发展到从父母的后院菜园里摘下吃不完的蔬果来卖。为了增加收入，他又说服父母让他来接管菜园。“我父亲对这样的安排高兴得不得了。”他回忆道。正是从这里开始，瑞恩决定认真地获取职场资本。他说：“我读了自己能找到的所有有关种植的资料……很多很多、各种各样的资料。”很快，他便扩大了父母的菜园，使它占了后院的大部分地方。为了增加产量，他还拉来了大量堆肥。

等到瑞恩上高中时，他已经从一个当地农场主那里租了4万平方米的土地，并且在夏季收获期间雇用临时工帮忙。他从马萨诸塞州农场服务局（Masachusetts Farm Services Agency）贷了一笔款，用于购买一台旧拖拉机，而且还把自己的业务从农产品摊位扩展到了一家农贸市场以及少量的批发客户。高中毕业后，瑞恩去了康奈尔大学（Cornell）的农业学院，读了一个果蔬园艺学的学位，进一步打磨了自己的技能，而周末则回家打理租种的田地。

瑞恩的经历吸引我的地方在于：他不是突然有一天就决定要热衷于农产品生产，然后便义无反顾地前往乡村、开始种地。相反，当他在 2001 年（那年他买下了第一块地）毅然全职投入农场经营时，他已经艰苦地积累了将近 10 年的相关职场资本。这也许不如幻想中的“某天辞了工作然后第二天听着鸡叫醒来”那般迷人，但是它符合我在研究前两个规则时不断发现的一点：你必须让自己优秀，然后才能盼到好工作。

吃完午饭，我已经了解了红火农场的历史，但仍然不清楚它的生活到底有什么吸引人之处。不过，当我们离开厨房去参观农场时，一个想法开始在我的脑海中形成。我注意到，瑞恩在讲解作物时便不再那么拘谨了。瑞恩很腼腆。在众人面前讲话时，他习惯匆匆把话说完，就像是抱歉地插几句。然而，一讲到自己的农场经营策略，比如讲解梅里马克（Merrimack）地区砂壤土和帕克斯顿（Paxton）地区粉砂壤土的区别，或是他在胡萝卜地里采用的新除草方法，他的腼腆便让位于工匠般的热情——俨然一个知道自己在做什么，并且对自己的知识发挥了作用感到荣幸的工匠。

我在萨拉身上也看到了一种类似的热情。她讲起自己为经营农场的 CSA 项目以及公共形象而付出了种种努力。2007 年，萨拉来到格兰比与瑞恩一起工作。那个时候，她就已经是个有机农业和社区支持农业的倡导者。她在瓦萨学院（Vassar）学习过环境政策，还意外发现了学院的波基普西农场（Poughkeepsie Farm）的 CSA 项目。受此启发，毕业后，她在附近康涅狄格州的斯塔福德斯普林斯（Stafford Springs）开展了自己的小型 CSA 项目。来到红火农场让萨拉有机会在更大范围内推广这些理念，而这是一项让她显然乐在其中的挑战。

SO GOOD THEY CAN'T IGNORE YOU

职场竞争力

我终于意识到，红火农场的生活方式之所以如此吸引人，是因为下面这样东西：自主力。瑞恩和萨拉投入了大量职场资本，从而对自己的工作内容和工作方式拥有了自主力。他们的工作并不简单。要说我从参观红火农场中学到了点什么，那就是经营农场的复杂性和压力。然而，他们的生活属于自己，而且他们很会生活。换句话说，红火农场的吸引力不是户外阳光下的劳作（据我所知，对经营农场的人来说，天气是用来对付的，不是用来享受的），也不是远离了电脑屏幕（瑞恩整个冬季都在用 Excel 表格做他的种植区规划，而萨拉则每天都要花上不影响健康的一段时间，用办公室电脑来管理农场的经营状况）；而自主才是吸引格兰比仰慕者的东西。瑞恩和萨拉以他们自己的方式过着一种有意义的生活。

正如接下来我将论述到的，自主力不仅是瑞恩和萨拉所代表的吸引力的根源，它还是最具普遍重要性的、可以用职场资本来获取的特质之一。鉴于它对探求自己热爱的工作具有强大而至关重要的影响，我将其称为理想工作的“万灵药”。

更多自主力，更多满足感

瑞恩和萨拉在工作中拥有很大的自主力，这一点让红火农场的生活方式显得非常吸引人。然而，自主的吸引力并不仅限于农场经营者。几十年的科学研究已经表明，在追求一个更幸福、更成功、更有意义的人生的过程中，自主力是最值得拥有的重要特质之一。丹尼尔·平克在2009年所著的畅销书《驱动力》中就回顾了目前已知的自主力在改善人们生活方面的一系列令人眼花缭乱的方式。正如平克总结文献所得出的结论，更多的自主力可以带来更高的分数、更好的体育成绩、更高的生产率，以及更多的幸福感。

平克的书中提到，在一项研究中，康奈尔大学的研究者追踪了300家小型公司，其中一半注重赋予员工自主力，而另外一半则不注重。结果，以自主力为中心的公司，其发展速度是另外一半公司的4倍。我自己调查时发现了另一项研究，其研究结果表明，给予生存困难学区内的中学教师自主权，不仅提高了教师们的晋升率，而且出乎研究者意料地扭转了学生成绩的下滑趋势。

SO GOOD THEY CAN'T IGNORE YOU 关键词

自主力 (Control)

对自己的工作内容和工作方式拥有发言权。这是在创建自己热爱的工作时需要靠职场资本来获取的最重要的特质之一。

如果你想近距离地观察自主力在职场中的影响，那么可以看一看那些采用了一种颠覆性新型理念的公司。这种理念叫“只问结果的工作环境”①。在这样的公司里，你的成果才是最重要的。你的上班时间、下班

① 只问结果的工作环境（Results-Only Work Environment），简称为ROWE，又叫“简约工作”。——译者注

时间、休假时间、收发邮件频率……都是无关紧要的。员工可以自由决定完成重要事情的最佳方式。**“没有成果，就没有工作，就是这么简单。”**支持者们喜欢这样说。

如果看过运用这种理念的商业案例（网上就有），你就会找到大量有关自主力使员工摆脱束缚的案例。例如，在百思买（Best Buy）的公司总部，ROWE 计划的实施小组发现，员工离职率骤然下降了近 90%。“我喜欢 ROWE。它让我感觉我在掌控自己的命运。”一位百思买的员工说道。

而在盖璞公司（Gap）总部，参与试点研究的员工们发现：他们的幸福度和绩效得到了改善。“我从没见员工这么快乐过。”一位经理说道。在加利福尼亚州雷德兰兹市（Redlands）的一家非营利组织（也是第一家采用 ROWE 的非营利组织）里，80% 的员工感觉自己对工作更加投入，而且超过 90% 的员工认为这项举措让他们的生活变得更好，在工作环境下，这一比例已最大可能地接近于全体认同。这几个例子还只是众多案例的一小部分。

研究文献读得越多，你就越能明白：**通过在工作内容和工作方式上赋予人们更多的自主力，会提高人们的幸福感、投入程度以及满足感。**难怪人们在查阅各种理想工作的案例时，往往发现自主力就是它们吸引人的核心要素。在整个“规则三”部分，你将会遇到不同领域的人们，了解他们是如何运用自主力来打造一份自己热爱的职业的。其中包括一名自由程序设计师（她可以放下工作去享受晴朗的日子）、一名住院医生（他请了两年假，离开了自己的住院医生精英项目，转而去开了一家公司），以及一位著名的创业家（他捐出了自己的百万资产并且变卖了家产，然后无忧无虑地周游世界）。这些案例中的主人公都过着很棒的生活，而且你将了解到：他们的生活都是通过运用自主力来创造的。

总结起来，假如你想爱上自己所做的事情，那么第一步是获取职场资本，而下一步就是将这种资本投入到获取成就大事的特质中去。在进行这项“投资”时，自主力是可供选择的最重要目标之一。但是，自主力的获取可能会很复杂。因此，规则三的剩下部分将专门就如何获取自主力进行论述。在接下来的章节里，你将跟随我的探求步伐，来更多地了解这一变化无常的特质。

阅读手记

精读引路人：孙路弘

瑞恩·福瓦朗

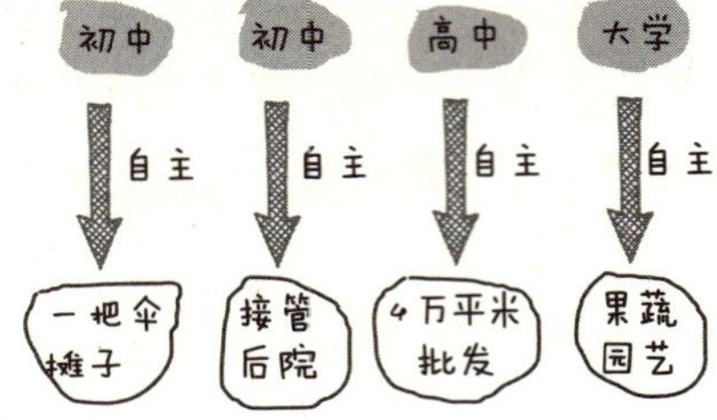

满足感
职场技能积累
10年以上实践、知识运用

职场资本笔记

09

SO GOOD THEY CAN'T IGNORE YOU

自主力陷阱 1：资本薄弱

说服别人把钱给你真的很困难

简很清楚自主力的重要性。她是一名很有天赋的学生，在各种标准化考试中名列前茅，并且进入了一所竞争激烈的大学学习。不过，她并不乐意追随一条传统的发展道路：毕业，然后找到一份稳定的高薪职位。她对自己人生的设想更加别致一些。作为一名业余运动员，简曾经为了慈善骑行横穿全国，还参加过铁人三项比赛。因此，她设想了一个更具冒险性的将来。她给我发来一份她的人生规划，上面列举的目标包括航行穿过各个大洋以及无动力穿越各个大洲："澳洲（骑独轮车？）……南极洲（乘狗拉雪橇？）。"这份列表还包括一些更加古怪的目标，比如"不依靠工具或设备"在野外生存一个月以及学习喷火表演。

为了给这样的冒险生活提供资金支持，她的规划大致要求她"建立一组低维护成本的网站，可以经常性地赚到足够的资金来支持列表中的各项追求。”她的目标是每个月赚到 3 000 美元。她算了一下，这个数字应该足够支付基本花费。她最终的打算是凭借自己的经历“创立一家非营利组织来将我对健康、人类潜能以及充实生活的设想发扬光大。”

乍一看，简也许会让你想起红火农场的瑞恩和萨拉。她意识到，取得对生活的自主力要胜过取得更多的收入或名声。类似的领悟让瑞恩用自己的学历换来了农场；同样，它也给了简勇气来脱离一条保险的职业发展道路，转而去追求一种更有吸引力的生活。但是，不同于瑞恩和萨拉的是，简的规划后来动摇了。据她透露，我们见面后不久，出于对自主力的信奉，她做了一个极端的决定：辍学。但很快她便意识到，**无论你如何投入地追求某种生活方式，也不意味着别人就得同样投入地支持你。**

“目前在财务独立上存在问题，”她告诉我，“辍学之后，我开展过好几样业务，还尝试了自由职业和写博客，但都缺乏继续下去的动力，结果也都不太理想。”在尝试写博客时，她曾希望能以它为基础搭建起自己的经常性收入结构，结果 9 个月里只发了 3 篇文章。

SO GOOD THEY CAN'T IGNORE YOU

职场竞争力

简已经看清了现实世界的一条残酷真相：说服别人把钱给你真的很困难。“我知道，理想的状态是继续发展我的构想。”她承认，“但是，我也需要赚钱糊口。”她连大学文凭都没有，因此想找到这笔钱真的很难。原来，“致力于乘狗拉雪橇穿越南极洲”这句话放在简历上并不好使。

自主力需要职场资本

自主力很诱人。正如我在红火农场发现的那样，由这一特质所定义的理想工作，可以让坐在办公室里的人羡慕得睡不着觉。也正是这种吸引力使得简愿意放弃校园的舒适生活，去追求冒险。然而，这样做却让她陷入了第一个自主力陷阱，这个让很多人在追求自主力的过程中受到威胁的陷阱是：自主力若不因职场资本而取得，则不具备可持续性。

在规则二中，我介绍过“职场资本是打造你所热爱的工作的基础”这一观点。我们知道，你必须首先让自己在某些稀缺而宝贵的方面有所擅长，从而生成这种资本，然后再将其“投资”于成就大事的特质上。在上一章中，我们讨论到，自主力是最值得“投资”的宝贵特质之一。简认识到了这一论述的第二部分：自主力是很强大的。但是，很不幸，她跳过了第一部分，即你需要提供有价值的东西作为交换来获取这一强大的特质。换句话说，她试图不以任何资本作为交换来取得自主力。最后，她所谓的自主只能是昙花一现。相比之下，红火农场的瑞恩则积累了 10 年的相关职场资本，之后才投入全职的农场经营，从而避开了这个陷阱。

这个陷阱可能听起来很熟悉，因为之前在规则二里，我们已经见过一个类似的案例，也就是莉萨·福伊尔的故事。回想一下：福伊尔放弃了自己营销、广告方面的职业，开始经营瑜伽馆，尽管她所受过的瑜伽训练只不过是一个月的认证课程。和简一样，

> SO GOOD THEY CAN'T IGNORE YOU 关键词
>
> **第一个自主力陷阱 (The first control trap)**
>
> 想要给自己的职业生涯增加自主力时需要注意的一个警告。它所反映的原则是：自主力若不以职场资本而取得，则不具备可持续性。

她追求更多的自主力，但却缺乏资本作为支撑。结果也和简一样，这条路很快就拐向艰难。不到一年，福伊尔就只好靠食物券过活。

自主力方面的案例研究得越多，我就越能遇到犯同样错误的人。例如，越来越多的人加入“生活方式设计”（lifestyle-design）这一团体，而简就是其中之一。这项运动声称，你不需要按照别人的规则生活。它鼓励人们设计自己的人生道路，而且最好是一条刺激而有趣的道路。这种理念的例子在实际生活中很容易找到，因为它的很多信徒都写博客宣扬自己的英勇事迹。

SO GOOD THEY CAN'T IGNORE YOU

职场竞争力

当然了，从更高层面来说，这种理念无可厚非。“生活方式设计”这一术语的创造者、作家蒂莫西·费里斯（Timothy Ferriss）就是一个很好的例子，可以用来说明这种对待生活的方式所带来的好处，因为费里斯拥有太多的职场资本，足以支撑他的冒险生活。但是，假如你花点时间浏览一下那些不知名的生活方式设计师们的博客，就会注意到同样的“红灯”一次又一次地“亮起”：令人难过的是，这个不随大流的群体里，很大一部分人和简一样并没有建立起稳固的资金来源来支撑自己非同寻常的生活方式。他们以为有勇气去追求自主力才是关键的，而其他的一切都只是容易解决的小问题。

再举一个例子。我发现了这样一位博主，他在25岁的时候辞去了工作。对此他的解释是：“我过着一种‘正常’的传统生活，每天朝九晚五地为老板干活，没有时间和金钱来追求内心真正的激情。我受够了这一切……于是，我踏上征途，要让你们、让全世界都看一看，一个普通人是如何从无到有地开创一番事业，来实现一种全身心地活在'梦想'中的生活。"与很多生活方式设计师一样，他所指的"事业"就是他的博客，内容是关于怎样做一名生活方式设计师。换句话说，他唯一的产品就是他不过"正常"生活的满腔热情。无须经济学家指出我们也知道，这份热情并没有多少真正的价值。或者用我们的术语来说，**热情本身不是稀缺而宝贵的东西，因此并不能换来多少职场资本。这些生活方式设计师是在向一种有价值的特质进行投资，但他们却无钱支付。**

果然，这个人的博客"事业"很快就黯淡起来。他每周发几篇文章，讨论如何通过写博客来为一种不寻常的生活寻找资金支持，但他在自己的网站上没赚到一分钱。这样坚持了 3 个月之后，他的文章悄然透出某种沮丧的心情。在一篇博文中，他带着明显恼火的情绪写道："我注意到读者们来了就走。我已经尽力了，发有质量的帖子、找来一些牛人……但是，唉，你们中很多人就是来了就走。这真令人烦恼，就跟试图用水装满一个满是漏洞的桶一样。"然后，他又继续就如何建立一个较为稳定的读者群写了一个详细的"十点"方案。这份方案包括诸如"第二点，带来正能量"以及"第四点，让读者沐浴在一片感激之中"这样的举措，但仍将最重要的一条排除在外：向读者提供他们愿意付钱购买的内容。几个星期之后，这个博客停止了更新。当我找到它时，它已经超过 4 个月没有更新了。

这个故事简单明了，可以作为第一个自主力陷阱的又一个案例：假如你不以资本来追求自主力，那么最后的结果很可能会像简、福伊尔或可怜又受挫的生活方式设计师们一样——手里攥着大把的自主权，但兜里却连下一顿的饭钱都没有。然而，这还只是第一个陷阱，后面还有第二个陷阱。为什么自主力会是一种很难获取的特质，原因就在于此。在下一章里，我要阐述的是：即使你拥有获取真正自主力所需的资本，事情仍不简单，因为这个时候也正是人们开始注意到你的价值，并且阻止你去获取更多自主权的时候。

10

SO GOOD THEY CAN'T IGNORE YOU

自主力陷阱 2：关键障碍

要职位，还是要自主

露露·扬（Lulu Young）是一名软件开发工程师，她热爱自己的工作。她的家在波士顿近郊的罗斯林德尔（Roslindale）地区，是一栋经过妥善翻修的复式住宅。2011 年春的一个雨天，我在她家里见到了她，想谈一谈关于工作和自主力的话题。还没经我提示，她便讲起了自己的经历。迄今为止，这是我在探求过程中听到的最为详尽的自述之一。例如，她在高中时参加了 AP 考试，其中化学这门得了 5 分。[①] 又如，她在韦尔斯利山（Wellesley Hills）的贝尔图西餐厅（Bertucci's）里偶然结识了一位年长的雇主，从而找到了自己的第一份工作。采访进行不久，我便

① AP，全称 Advanced Placement，即美国大学预修课程，是在高中阶段开设的具有大学水平的课程。美国高中生可以选修这些课程，在完成课业后参加 AP 考试，得到一定的成绩后可以获得大学学分。AP 考试成绩采用 5 分制，可以作为申请大学的一个重要筹码。——译者注

写下了下面这段话："这是一个对自己的职业投入了很多心思的人。"

她所付出的心思显然得到了回报，因为现在看来，露露是我见到的最自信、最满足于目前生活的采访对象之一。她的这份满足，其核心便是自主力。在她的整个职业生涯之中，露露不断地努力争取更多的职业自由，有时甚至让她的雇主或朋友感到惊愕。"人们说我做事的方式跟其他人不一样，"露露说，"但我对他们说，'我不是其他人。'"

她的努力成功了，原因在于：她谨慎地避开了前一章里讲到的"第一个自主力陷阱"。也就是说，她总是小心地确保自己拥有足够的职场资本，然后以此为依靠来谋求更多的自主力。我之所以介绍她的经历，主要原因正在于此：她的例子很好地说明了获取自主力的正确做法。

露露毕业于韦尔斯利学院（Wellesley College），获得了数学学位。毕业后，她的第一份工作在软件开发的职业阶梯上处于底端位置：她从事的是质量保证（Quality Assurance，QA）工作，即软件测试员的华丽说法。

"那么，打个比方，你的工作就是把文本变成粗体，然后确认一下能不能行？"听完她解释自己的第一份工作，我这样问道。"夸张了！夸张了！他们可没给我这么大的职责！"她开了个玩笑来回应我。

SO GOOD THEY CAN'T IGNORE YOU

职场竞争力

这不是什么很棒的工作。事实上，它甚至不是一份体面的工作。在这份工作上，露露可能很容易便陷入第一个自主力陷阱：你发现自己被困在一个无聊的工作之中，正是这个时候，你会觉得摆脱现状、不按常规地走自己的发展道路很吸引人。然而，她没有这样做，而是决定获取所需的职场资本来改善自己的处境。

事情的发展是这样的：露露开始“黑”入运行公司软件的 UNIX 操作系统。最后，通过自己摸索，她编写了可以自行运行测试程序的脚本，从而节约了公司的时间和金钱。她的创新引起了公司注意。没几年，她便被提升为资深 QA 工程师。

到了这个时候，露露已经积累到了合理的职场资本。于是，她决定看看这份资本能给她换来什么。为了从事无巨细都要管的上司手中夺回些许自主权，她向公司要求每周工作 30 小时，这样她就可以在塔夫茨大学（Tufts）读一个非全日制的哲学学位。“我想申请更短的时间，但 30 小时是拿全薪的最低限制。”她解释道。假如露露在工作的第一年就提出这个要求，她的上司们会哈哈一笑，然后可能给她一个“每周工作零小时”的安排。但是，这个时候的她已是一名资深工程师，并且负责公司的测试自动化工作。因此，他们没法说不。

在拿到学位后，露露离开了那家公司，并且带着自己的 QA 自动化技能加入了附近的一家创业公司。这家公司刚被一家大公司收购。“我有一个很大的办公室，配备了 3 块显示器。”她回忆说，“每周，办公室经理都会过来问要吃什么糖。你告诉她你想要什么糖，然后就能在办公桌上看到它们。我过得很快乐。”

几年之后，该公司的母公司决定关闭波士顿地区的办公室。因此，露露（她刚买了一套房子）决定做一些不同的事情。她重新投入了人才市场，并且收到了好几份工作邀请，其中包括在一家大型公司管理 QA 团队。这对露露来说是一个很大的提升：更多的薪资、更大的权力，以及更高的威望；职业发展的下一步就是炙手可热的执行副总裁。

露露没有接受这份工作，而是接受了一个 7 人创业公司的邀请。这家公司是由她在大学里认识的一位老朋友的男朋友创立的。他们抓住所有机会来吸收具备一定技能的人。“我不大明白他们在做什么，也不确定他们自己搞清楚了没有。”她对我说。然而，这正是吸引露露的地方：她可以接触全新的、没有详细规划好的事务，而且觉得很有意思，这符合她需要对自己的工作内容和工作方式拥有很大决定权的追求。

2001 年，这家公司被收购了。此时，露露是公司的首席软件开发工程师。然而，她开始对新东家的规定感到恼火，比如公司的着装要求，以及他们坚持要求所有雇员必须按照“朝九晚五”的时间来工作。凭着自己的职场资本，她有底气去申请（并得到了）3 个月的休假。“在此期间，你们将无法联系到我。”她告诉她的新上司们。结果，这次休假还锻炼了她手下的员工，让他们在没有她的情况下可以继续工作。休假结束后不久，露露辞了职。为了谋求更多的自主力，她成为了一名软件开发方面的自由职业者。此时，她的技能已到了如此宝贵的地步，以至于寻找客户根本不是问题。更重要的是，以承包人的身份工作也给了她极大的灵活性来完成工作。如果不想工作，她可以一次出去旅行个三四周。“如果某个周五天气不错，”她对我说，“那天我就不工作了，去飞一会儿。”她那时候取得了飞行执照。什么时间开始工作、什么时间结束工作都由她决定。“那些天里，我很多时候会带着侄子或侄女一起玩。我去儿童博物馆和动物园的次数可能比这座城市里的其他任何人都多。”她回忆说，“他们阻止不了我这样做，因为我只是个承包人。”

我采访露露的时间是在一个工作日下午，而且约个时间似乎根本不是问题。“稍等一下，我把网络电话关了，这样就没人能打扰我了。”我刚到不久，她就这样对我说。假如她按照常规职业发展路径成了一位拥有股票、开着保时捷、忍着溃疡疼痛的副总裁，那么一时兴起、空出一个下午来接受采访的决定一定会让她付出代价，而且拥有股票、开着保时捷、忍着溃疡疼痛的副总裁们可能远不如露露那般享受生活。

谁会让你失控

露露的经历就是一个正确获取自主力的案例。她的事业与瑞恩和萨拉的红火农场一样令人神往，因为她在工作中拥有对工作内容和方式上的自主力。还有一点也与瑞恩和萨拉一样，那就是：通过确保自己拥有获取自主权所需的职场资本，她的努力成功了，而其他人失败了，例如上一章里的简。

然而，她的这种经历里有一个潜在危险。虽然露露在事业上满意地实现了自主，但是在获取这份自由的过程中，她遇到过阻力。几乎每次利用自己的职场资本来获取尽量多的自主力时，她都会遇到阻力。以她的第一份工作为例。当她想用自己的价值来争取每周 30 小时的工作安排时，她的老板虽然没法说不，因为她一直在给公司大大节省费用，但并不情愿这样做。对于露露来说，她需要勇气来提出这个要求。同样，当她拒绝一次大的职业提升，转而接受一家 7 人创业公司的一个职责不清的职位时，她周围的人对此无法理解。

“你那时刚买了一栋房子。”我提醒她，“拒绝一个钱多权重的职位而跑去一家不知名的小公司工作，这可真是件大事。”

“别人以为我傻了。”她对我的说法表示赞同。在这家创业公司被收购后，离开它也同样很困难。露露不愿意细说，但言外之意就是：她在这家公司的价值如此之高，以至于公司新东家想尽了各种手段想让她留下。最后，她终于转向了自由职业，但这个过程本身也有它的困难之处。她的第一个客户就很想雇她为项目全职工作，但是她拒绝了。“他们真的不想找一个承包人，”她回忆说，“但他们找不到其他人来做这种工作，所以最后只好同意。”

见得越多在事业上成功利用自主力的人，类似故事也就听得越多——那些来自雇主、朋友以及家人的各种阻力。下面这个例子的主人公，我叫他刘易斯（Lewis）。他在一个著名的综合整形外科项目组里做住院医生，而这个项目可以称得上是最有竞争力的住院医师培训项目。做了3年之后，他开始对医院的官僚作风感到恼火。在和我喝咖啡见面时，他给我举了一个很形象的例子，来说明当一名现代医生将遇到的挫折：

> 有一次，我在急诊室接收了一位患者。这个人的胸腔被切开了，因为他被人用刀刺到了心脏。在他被推进手术室的路上，我一边跟着轮床，一边用手给他按摩心脏。到了手术室一看，很显然，这个人需要输血，因为他的心脏上有个洞。
>
> “血浆呢？”我问技师。
>
> “我们不能给你血浆。”技师回答说，“你进来时没有登记。”别忘了，我们进门时，我手里可还攥着这个人的心脏。当时，我心里想：“你不会是逗我玩儿的吧？”

那位患者死在了手术室。虽然可能输了血他也活不下来，但问题在于正是这种泯灭自主权的经历逐渐消耗了刘易斯的耐性。他渴望能在生活中拥有更多的自主力。因此，他做了一件令人意外的事情：他请了两年假，离开了他的项目，然后创办了一家公司来开发在线医学教育工具。

当被问起为什么要创办公司时，他描绘了一幅令人神往的画面。“在我这行，很多人纠结于一点，他们有很多想法，但却不知道如何把它们变为现实。”按照他的设想，他会成为一名医生，但同时也会是这家公司的联合创始人；公司会继续运转，而且不需要他每天照看。他在医学教育方面想出了一些点子，然后便会交给公司团队来实现。

我让他举个例子。他说：“比方说，我的想法是开发一款游戏来帮助医学院的预科生学习某种新概念。我会告诉我的公司团队说，‘给我实现这个想法。’”对于刘易斯来说，“创造一些有用的东西”会让他感到极大的满足，而这家公司会给他这个机会。

与露露遇到的情况类似，当刘易斯以足够的医学技能成功地募集到开公司的资金时，对于雇主来说，他的价值也就大到他们不想放他走的地步。他所在的综合整形外科项目已有10年历史，而他是第一个在培训中途要求暂时离开的人。“他们一直问我，‘你为什么要这么干？’”他回忆说。这个转变来得并不容易。不过，在我见到刘易斯时，他的两年假期就快结束了。在这两年里，他的公司从一个概念发展为一家资金充沛的机构，并且推出了一款很受欢迎的主打产品（一种帮助医学院学生备考的工具）；而且还有了一名全职员工来维持公司运作，这样他就可以回去继续完成实习。显然，刘易斯对自己追求与众不同的决定感到高兴，但是，

SO GOOD THEY CAN'T IGNORE YOU 关键词

第二个自主力陷阱 (The second control trap)

想要给自己的职业生涯增加自主力时需要注意的另一个警告。它所反映的原则是：当你拥有足够的职场资本来获取对职业生涯的合理控制时，那么对于你的当前雇主来说，这个时候你的价值也已经足够大，以致要想方设法防止你做出改变。

这个决定来之不易。

这是自主力嘲弄人的一面。**假如没人在乎你干什么，这说明你可能没有足够的职场资本来做有意思的工作。**但是，正如露露和刘易斯所经历的那样，一旦拥有了这种资本，你的价值就变得足够大，以至于雇主会阻碍你争取自主力。这就是我所提出的“第二个自主力陷阱”：当你拥有足够的职场资本来获取对职业生涯的合理控制时，那么对于你当前的雇主来说，这个时候你的价值也已经足够大，以致要想方设法防止你做出改变。

SO GOOD THEY CAN'T IGNORE YOU

职场竞争力

仔细一想，这第二个陷阱是说得通的。在事业上获取更多的自主力对你是有利的，但对你的雇主可能没有直接的好处。工作时间减为每周 30 小时让露露可以从日趋压抑的工作环境中解脱出来，但是从雇主的角度来说，这样做纯粹是损失生产力。换句话说，在大部分的工作中，你应当能够预料到雇主会反对你谋求更多自主力的举动。他们会用各种激励措施，试图说服你把职场资本重新投入到你在他们公司的工作之中，从而得到更多的金钱和威望，而不是更多的自主力，而且这些做法让人很难抗拒。

搞清楚鼓起勇气的最佳时机

在前面部分，我否定了“勇气文化”。我用这一术语来称呼逐渐增多的一类作者和网络评论家。他们提倡只要鼓起勇气，脱离预期的职业轨道，你就能找到梦寐以求的工作。我认为，正是勇气文化导致莉萨·福伊尔辞去了公司职位，转而追求一份前途黯淡的瑜伽事业。这种文化还大大催生出了一群不怎么成功的生活方式设计师。

鉴于第二个自主力陷阱，我需要改一改之前对勇气文化的轻视。勇气并非与打造你所热爱的工作无关。正如我们现在所能理解的那样，露露和刘易斯需要相当大的勇气，才能做到不受此陷阱的阻力的影响。看来关键在于搞清楚什么时候才是鼓起勇气，做出职业决策的正确时机。时机选择正确，你会得到一份美好的职业；时机选择不正确，即过早地谋求自主从而陷入第一个自主力陷阱，则会带来灾难。因此，**勇气文化的失误之处不在于它对“勇气是好东西”的根本肯定，而在于它严重低估了以有效方式来运用这种勇气的复杂性。**

假设你想出了一个给自己的事业注入更多自主力的主意。根据我前面的观点，这个想法值得你去关注，因为自主力很强大，可以给你的职业生涯带来彻底的变化——我称之为理想工作的“万灵药”。但是，我们再假设：当你动了这个念头时，周围的人开始反对。这个时候，正确的做法是什么？由于两个自主力陷阱的存在，这个问题不好回答。

一种可能是，你没有足够的职场资本来支持你谋求更多的自主力——你即将陷入第一个自主力陷阱。在这种情况下，你应当听从反对意见，将你的想法束之高阁。但与此同时，另一种可能是，你拥有大量的职场资本，而且正是因为你的价值太大了，才产生了这种反对——你已经陷入第二个自主力陷阱。在这种情况下，你应当忽视反对意见，按照自己的想法去做。诚然，自主力的问题在于这两种情况感觉起来差不多，但正确的应对方法却各自不同。

探求进行到这个阶段，关于自主力的案例我已经看得够多了，其中有的成功，有的失败。我很清楚这一问题的棘手性。在追求理想工作的过程中，它可能是我们最难逾越的障碍之一。很明显，**勇气文化天真烂漫的口号太过粗糙，无法指导我们安然通过这一充满陷阱的地段。**我们需要一种更为细致的试探方法，来搞清自己到底面临哪一种陷阱。接下来，你将了解到，我是从一位创业家的习惯上找到了解决办法。他打破常规，按照自己的原则来生活，并将自己的做法提升到了艺术层面。

11

SO GOOD THEY CAN'T IGNORE YOU

要做有人愿意埋单的事情

“控制狂”的职业冒险之路

2010 年，德里克·西弗斯（Derek Sivers）做了一个关于创造力和领导力的 TED 演讲。在开讲后不久，他放了一个视频，画面中是参加一场户外音乐会的人群。一个光着膀子的年轻人开始独自起舞，坐在旁边的观众好奇地看着他。

“一个领导者需要有勇气站出来，甚至面对讥笑。”西弗斯说。但是过了不久，第二个年轻人加入了，也开始舞起来。

“现在来了第一个追随者。他起到了关键作用……第一个追随者将一个孤独怪人转变为一个领导者。”随着视频继续播放，有几个人也加入了舞蹈的行列，然后又有几个。视频放到两分钟的时候，跳舞的人已经发展为一大群。

“女士们，先生们，运动就是这么形成的。”

观众起立为西弗斯鼓掌。他鞠了一躬，然后独自在舞台上扭了几下。

没人会说西弗斯是一个循规蹈矩的人。在其职业生涯中，他一直扮演着“第一个舞蹈者”的角色。他首先做出一个冒险的举动，为的是在工作内容和工作方式上取得最大的自主力。这样做也让他看起来就像是那个独自起舞的“孤独怪人”。然而，在西弗斯的整个职业生涯中，最后总会出现第二个舞蹈者，这个人肯定了他的决策。接着，会有一大群人出现，使他的举动最终取得成功。

他的第一个冒险举动是在 1992 年。当时，他辞去了在华纳兄弟的一份很好的工作，转而全职追求音乐创作。他演奏吉他，并且和日本音乐家、制作人坂本龙一（Ryuichi Sakamoto）一起巡回演出。据各方面的评价，他做得相当不错。他的第二个重要举动发生在 1997 年，也就是他创办 CD 宝贝（CD Baby）的时候。这是一家帮助独立艺术家在线出售音乐唱片的公司。在 iTunes 还没出现的年代，它满足了独立音乐人的关键需求，因此发展起来。2008 年，他把这家公司以 2 200 万美元的价格卖给了制盘者公司（Disc Makers）。

职业发展到了这一步，按照传统的观念，西弗斯应该搬到旧金山城外的豪宅里，去当一个天使投资人。然而，西弗斯从来不屑于传统思维。相反，他把出售公司所得的所有收入都投给了一家慈善基金，用于支持音乐教育，而自己则靠着法律允许范围内的最少利息生活。后来，他卖掉了自己的财产，开始环游世界，为的是找寻一处自己感兴趣的地方来生活。当我和他通上话时，他正在新加坡。“这个国家好就好在它令你感到轻松。它不是想留住你，而是可以作为一个基地来让你探索其他地方。”他说。我问他为什么要住在国外。他回答:“在我的人生中，我遵循着一条规则，那就是什么吓人，我就做什么。我已经住遍了美国的每一个角落。现在对我来说，最吓人的就是不在这个国家生活。”

西弗斯留出时间来阅读、学习普通话，以及环游世界。在做完这些之后，他最近将精力转向了一家新公司：脏活助手（MuckWork）。这家公司的服务让音乐人可以将无聊的工作外包出去。这样，他们就可以把更多时间放在重要的创作活动上。创办这家公司是因为他觉得这个想法很好玩。

我对西弗斯感兴趣的地方在于他热爱自主力。他的整个职业生涯就是做出一些重要的举动（通常要面对阻力），从而在工作内容和工作方式上取得更多的自主力。他不仅热爱自主力，而且非常成功地取得了自主力。因此，我才通过电话接通了人在新加坡的他，想知道他是怎样做到的。我问他，具体来说是以什么标准来决定投入或放弃某些项目的。其实，我要的是指引他避开前面提到的那两个自主力陷阱的具体途径。

值得庆幸的是，他的答案既简单而又出奇地有效。

信守财务可行性法则

我向西弗斯解释了自己的问题，他一听就明白了。

“你是说有没有某种头脑中的‘算法’，可以让一个有着20年成功事业的律师不会突然就说，‘你知道，我喜欢按摩，我要去做按摩师’?”他问。

“对，就是这样。”我答道。

西弗斯想了一会儿。

“我在金钱方面有一条原则，这条原则凌驾于我其他的人生原则之上。”他说，**“要做有人愿意埋单的事情。”**

西弗斯声明，他说的不是为了拥有财富而赚钱。别忘了，这个人在出售了自己的公司之后，放弃了2 200万美元且卖掉了自己的家产。相反，他解释说：“钱是中性的价值指标。赚钱的目的是让自己有价值。”

SO GOOD THEY CAN'T IGNORE YOU 职场竞争力

西弗斯还强调，这条法则明显不适用于各种爱好。“比如，我想学习用水肺潜水，因为我觉得很有意思，但是别人不会出钱让我干这个。我不在乎，不管怎样我都要去试一试。”但涉及影响核心事业的决策，金钱仍是判断价值的一个有效标准。“假如你很难在某个想法上筹到资金，或者正在考虑去做无关的工作来支持这个想法，那么你需要再好好想一想。”

西弗斯的事业以追求创意为核心。乍一看，这份事业跟金钱这样粗俗乏味的事物似乎沾不上边。但是，他按照这种头脑“算法”的思路，重新梳理了一遍自己的发展历程。然后，一切突然都说得通了。

例如，他的第一个重要举动是在1992年成为一名职业音乐人。根据西弗斯的说法，他开始时只在晚上和周末去搞音乐。“我一直没丢掉正职，直到靠音乐赚了钱。”

他的第二个重要举动是创办了CD宝贝。同样，在建立起一个可以盈利的客户基础前，他并没有全身心地投入这项工作。“有人问我是如何为自己的事业筹到资金的。”他说，“我告诉他们说，我先卖了一张 CD，这样我就有足够的钱再卖两张。”它就是这样发展起来的。

回想起来，西弗斯争取自主力的种种行为仍不失为不同寻常的大手笔。然而，考虑到他的这套“只做有人埋单的事情”的头脑“算法”，这些行为的风险看起来也就小得多了。他的这个想法太强大了，因而我给了它一个正式的名称，叫“财务可行性法则”：在决定是不是应该追求某项有吸引力的活动，从而给自己的职业生涯增加自主力时，你应当调查一下别人是不是愿意为之埋单。如果找到了这方面的证据，那就继续追求；如果找不到，那就维持现状。

我开始仔细思考这条法则，并且发现它一次又一次地适用于那些在职业上成功取得更多自主力的人。想要理解这条法则，就要注意“愿意为之埋单”有多种定义。在某些情况下，它可以按字面意思理解，即顾客为某种商品或服务支付费用。但它还可以表现为获得某笔贷款、收到外部投资或者（更常见的是）说服某个雇主雇用你或继续付你工资。只要你对灵活地定义“愿意为之埋单”没有异议，就会看到这条法则无处不在。

SO GOOD THEY CAN'T IGNORE YOU 关键词

财务可行性法则 (The law of financial viability)

在试图给自己的职业生涯增加控制时可以运用的一条简单法则，有助于避开两个自主力陷阱。它的含义是：在决定是否追求某项有吸引力的活动，从而给自己的职业生涯增加自主力时，你应该问问自己别人是否愿意为之埋单。如果愿意，那就继续追求；如果不愿意，那就维持现状。

我们以红火农场的瑞恩为例。很多受过良好教育的城里人，由于厌倦了城市的喧嚣，便买了一些土地，然后努力想靠自己的双手谋生，但其中大多数人失败了。瑞恩不同于他们的地方在于：他先确认了人们愿意为他经营农场埋单，然后才去尝试。更具体来说，因为他不是什么有钱的银行家，所以他需要从马萨诸塞州农场服务局贷一笔款来购买自己的第一块地。但是，农场服务局的款不是很容易就能贷到的。你必须提交一份详细的商业计划书，并且让他们相信你真的能靠农场赚钱。凭着自己 10 年的经验，瑞恩有这个本事来说服他们。

露露的例子也很好地说明了这个法则在实际中的运用。这一次，“愿意为之埋单”说的是她的薪水。在谋求更多自主权方面，她的判断依据是：在做出某项举动时，是不是有人愿意雇用她或继续付她薪水。举例来说，她的第一个重要举动是把工作时间降为每周 30 小时。她的雇主同意了，因此她知道自己有足够的资本来支持这一改变。在后面的工作中，无论是请 3 个月的假，还是坚持不受时间限制地以自由职业者身份工作，这些行为都是为了争取更多的自主力，而且它们获得了许可，她的雇主们接受了这些行为。假如她没有这么多的职场资本，他们可能早就毫无顾虑地和她说再见了。

另一方面，如果研究一下那些在事业上引入更多自主力未果的案例，你往往会发现他们忽视了这条法则，例如之前提到的简。她带着一个模糊的想法从大学退了学，设想着某种网络业务能支撑她冒险的生活方式。假如早点认识西弗斯，她大概就会暂缓那样的做法，等到她能真正确认自己可以靠网络赚钱。在她的案例中，这条法则本应很好地发挥作用，因为一个简单的尝试可能就会让她明白：被动收入[①]型网站更像是一种传说，而非现实。这样一来，她就不会急于中断学业了。不是说简必须

① 被动收入（Passive Income）是指不需要花费多少时间和精力，也不需要照看就可以自动获得的收入。网站广告和内容收入属于被动收入。——译者注

屈从于某种无聊的工作；相反，这条法则也许会给她提供一个框架，从而继续探索实现自己冒险设想的各种可能性。最后，她也许会找到一条切实可行的路子。

阅读手记

精读引路人：孙路弘

简
业余运动员 做网站 写博客 激情烧尽 未实现愿望
自主改变 └技能变化 ┴ 技能变化 ┴ 心态变化 ┴ 心态变化
梦想无人埋单
激情驱动，职场资本单薄，轻易变化

露露·扬
化学满分－数学学位－程序脚本～测试自动化－首席软件开发工程师 ⇐ 每一次转变都有人埋单
自主改变 ⇒ 核心技能加深 ⇒ 扩展 ⇒ 加深 ⇒ 提高 ⇒ 扩展
基础技能保持一致，扩展，加深，奠定职场资本

请读者尝试勾勒德里克·西弗斯的历程。

职场资本笔记

规则四

使命感带来意义

SO GOOD THEY CAN'T IGNORE YOU

WHY SKILLS TRUMP PASSION IN THE QUEST FOR WORK YOU LOVE

SO GOOD THEY CAN'T IGNORE YOU

- 拥有使命是件棘手的事情。
- 困难会吓跑空想家和胆小鬼，但会留给我们这些人更多的机会。
- 假如你掌控不了自己的事业，那么它就会让你吃尽苦头。
- 要么引人注目，要么默默无闻。
- 往小处想，往大处做。

12

SO GOOD THEY CAN'T IGNORE YOU

有意义的使命与有价值的人生

快乐教授的有趣人生

哈佛大学设施先进的西北科技楼坐落于马萨诸塞州剑桥市牛津街 52 号，距离游客密集的著名的中央草坪步行仅 10 分钟。它只是一个庞大的水泥玻璃建筑群的一部分，这些实验室便是传说中的哈佛研究“引擎”的新核心。从内部来看，西北科技楼就像是一个好莱坞版的实验室。每一层外围的水泥走廊都打磨得十分光亮，并且衬着昏暗的灯光，很有犯罪题材类电视剧的风格。

走廊的一边是位于建筑中央的各种实验室，透过钢门上的窗户可以看到研究生们在用移液管做着实验。走廊的另一边则是教授们的办公室，带着落地式的玻璃隔断。6 月一个晴朗的下午里，我来到了西北楼，而吸引我的正是其中的一间办公室——帕蒂丝·萨贝蒂（Pardis Sabeti）所在的办公室。在探求理想工作方面，这位 35 岁的进化生物学教授掌握着一项尽管很难懂却很强大的策略。

只需和萨贝蒂待上一会儿，你便很快会发现她很会享受自己的生活。和任何高风险的学科一样，生物学研究需要付出很多的努力，因而背负着一个恶名，那就是：它会把一个年轻教授变成一个脾气暴躁的工作受虐狂，这样一个人会把休息视为失败、把同行的成就视为自己的悲剧。这样的生活真是前景黯淡，但萨贝蒂却避免了类似的事情发生在自己身上。

我刚来不到 5 分钟，一个年轻的研究生伸头探进了办公室。这是萨贝蒂雇用的 10 个人之一，他们在以她名字命名的萨贝蒂实验室里工作。

“我们要去训练排球了。”他所说的“我们”指的是他们的实验室团队。很明显，他们把这个团队很当一回事儿。萨贝蒂答应采访一结束就去找他们。

排球不是萨贝蒂的唯一爱好。在她办公室的一角放着一把原声吉他，而且它不是个摆设：萨贝蒂是一个名为“上千个日子”（Thousand Days）的乐队的成员，这个乐队在波士顿音乐圈里很有名气。2008 年，美国公共电视网以该乐队为主角拍摄了一集《新星》（*Nova*）特别节目，叫《玩摇滚的研究者》（*Researchers Who Rock*）。

萨贝蒂在这些活动上的精力来自于她对工作的热爱。她的大部分研究集中在非洲，目前在塞内加尔（Senegal）、塞拉利昂（Sierra Leone）都有项目正在进行，但最主要的还是在尼日利亚。对于萨贝蒂来说，她所从事的工作的意义要远远超过发表论文或得到研究经费。在我们谈话期间，她拿出了笔记本电脑：“你来看看这段视频，这里面有我和我的姑娘们。”她一边说，一边点开了一段网站上的视频。视频里的萨贝蒂手拿吉他，领着4个非洲女人在一起唱歌。这段视频是在户外拍摄的，地点在尼日利亚，背景是棕榈树。据我了解，那几个女人在萨贝蒂实验室资助的一家诊所里工作。“这些女人每天要面对以各种惨状死去的人。”她对着视频自言自语。屏幕上，每个人都面带微笑，在萨贝蒂的指挥下唱完了整首歌，偶尔停顿几下。“我喜欢去那儿。”她补充道，“尼日利亚是我在非洲的故乡。”

很明显，萨贝蒂没有陷入愤世嫉俗的境地，而很多年轻的学者却陷入其中并备受折磨。相反,她构建起了一个有趣的人生。“虽然不是一帆风顺，”她在一次采访中说道，“但我真的热爱我的工作。”然而,她是如何取得这一成就的？在和她相处一段时间之后，我认识到：她之所以如此快乐，是因为她把自己的职业建立在一个清晰而有吸引力的使命之上。这项使命不仅让她的工作有了意义，而且让她在实验室之外也有精力去享受生活。以哈佛大学争强好胜的典型风格来看，萨贝蒂的使命一点儿也不讨巧。简单来说，她的使命就是消灭世界上最古老而又最致命的疾病。

用新技术对抗古老疾病

读研究生时，萨贝蒂误打误撞地进入了新兴的计算遗传学领域，即利用计算机来了解DNA序列。她开发了一套算法，可以在人类遗传信息数据库中做筛选，寻找人类持续进化的蛛丝马迹。人类仍在进化的说法可能会令普通大众吃惊，而进化生物学家却认为是理所当然的。人类近期进化的一个经典案例便是乳糖耐性，即成年个体消化乳液的能力。在产奶动物被驯化之后，这一特性才开始在人类种群中扩散开。

萨贝蒂的算法利用统计分析来捕获符合在自然选择压力（selective pressure）下发生的基因迁移类型，比如某种突变，它近期才在人类发展中出现，却随后在某一人群中得到快速扩散。换句话说，这种算法通过海量搜索，找到看起来像是经过自然选择的"候选"基因，然后把它留给研究者，让他们去研究为什么在自然选择的过程中，该基因被认为是有用的。

萨贝蒂用这个算法来寻找最新进化出来的具有抗病性的基因。她的思路是：假如可以找到这样的基因并且理解它们的工作原理，那么生物医学研究人员也许就可以在治疗中模拟出它们的疗效。抗病基因应该就在用萨贝蒂的算法所找到的候选基因之中，这样说当然是有道理的，因为它们实际上正是自然选择的结果。假如某一致命病毒长期荼毒一类人群，那么按照生物学家的观点，这类人群正处于"选择压力"之下。如果少数群体成员幸运地进化出对该病的抗性，那么选择压力可以确保新基因会快速扩散，因为带有新基因的人群的死亡率比不带新基因的要低。新基因的这种快速扩散正是萨贝蒂的算法所要发现的特征类型。

萨贝蒂的第一个重大发现是一种抗拉沙热（Lhassa fever）的基因。拉沙热是非洲大陆上最古老、最致命的疾病之一，每年导致成千上万人死亡。"得这种病不会立即死掉，"她强调说，"而是极其痛苦地死去。"后来，她把疟疾和腺鼠疫加进了自己要用算法来对付的疾病清单里。她把这些疾病称为"古老的苦难"。

萨贝蒂的职业动力来源于一个明确的使命：利用新技术来对抗古老的疾病。显然，这项研究非常重要。正因如此，她从比尔及梅林达·盖茨基金会（Bill and Melinda Gates Foundation）以及美国国立卫生研究院（National Institutes of Health，NIH）得到了7位数的赞助。后面我们将会深入具体地分析她是如何找到自己的事业重心的。但是现在，我们要注意的是：她的使命给她提供了方向和能量，在这两样东西的帮助下，她没有变成一个愤世嫉俗的学者，而是热情地拥抱生活。她热爱自己的工作，而这份工作的基础就是使命。因此，她的职业发展策略值得我们好好研究。

如何让使命变为现实

拥有使命就是在事业上拥有一个起到统领作用的重心。使命比某种具体的工作更为笼统，而且可以贯穿多个职位。它回答了下面这个问题：我的人生应当怎样度过？使命是强大的，因为它使你将精力都集中到某个有用的目标之上，这样反过来会让你在自己所处的领域里的影响力最大化，而影响力是热爱自己工作的关键因素之一。如果人们能够真正感受到自己事业的重要性，那么他们会对自己的职业生涯感到更加满足，而且更能承受住辛苦工作所带来的压力。同样是熬夜，为了给公司的客户多省几百万诉讼费而熬夜可能会令人精疲力尽，但是为了治愈某种古老的疾病而熬夜则可能让你越熬越精神，甚至还有多余的热情去组织一个实验室排球队，或者与一支摇滚乐队进行巡回演出。

萨贝蒂吸引我的原因在于：她的职业受到某种使命的驱动，而她也因此收获了快乐。在与她会面之后，我开始去找寻其他运用使命来打造理想工作的人。在寻找过程中，我结识了一位年轻的考古学家，他以向大众普及考古学为使命，并且在探索频道（Discovery Channel）拥有自己的系列片。另外，我还结识了一位时常会感觉无聊的程序员，他系统地研究了市场营销，为的是想出一项使命来给自己的职业生涯重新注入兴奋点。通过这三个案例，我想解析出他们到底是如何找到、如何成功运用各自的使命的。简而言之，我想回答一个重要的问题：如何在自己的职业生涯中让使命变为现实？

我发现，这个问题的答案很复杂。为了更好地理解其中的复杂性，让我们从全书的角度重新审视这个问题。在前几条规则里，我已经论述过："追随自己的激情"是个糟糕的建议，因为对于大多数人而言，并不是天生就有某种事先存在的激情等着他们去发现。想要热爱自己的工作，你必须首先通过掌握稀缺而宝贵的技能来积累"职场资本"，然后将这种资本兑现为成就大事的那些特质。稍后我将阐述，使命正是值得拥有的特质之一，而且和任何值得拥有的特质一样，它也需要先积累职场资本。没有职场资本的使命注定只是昙花一现。

SO GOOD THEY CAN'T IGNORE YOU 关键词

使命 (Mission)

使命是在创建自己热爱的工作时需要靠职场资本获取的另一个重要特质，它比某种具体的工作更笼统，而且可以贯穿多个职位。它回答了"我的人生应当怎样度过"这个问题，能够使你将精力都集中到某个有用的目标之上。

但是，光有资本还不足以实现使命。很多人非常擅长于自己所做的事情，却未能朝着一个有吸引力的方向来发展自己的事业。因此，我将继续探讨几种高端的策略。这些策略与职场资本的积累同样重要，都可以实现将使命从一个美好的设想变为现实的跨越。在接下来的几章里，你将了解一条重要的策略，即以不同的“原使命”（proto-mission）进行系统试验，从而找到值得追求的方向。你还将了解运用市场营销思维来寻找个人职业重心的必要性。换句话说，**使命是一个强大的特质，值得被引入你的职业生涯；但它又是变化无常的，需要小心引导才能变为现实。**

使命的这种微妙特性可以解释为什么这么多人在事业上缺乏一个起到统领作用的重心，尽管他们都想拥有这样的重心。也就是说，拥有使命是件困难的事情。不过，现在的我可以从容地面对“困难”，也希望已看到这里的你有同样的感觉。困难会吓跑空想家和胆小鬼，但会留给我们这些人更多的机会。我们愿意花时间谨慎地找到一条最佳的前进道路，然后自信地采取行动。

阅读手记

精读引路人：孙路弘

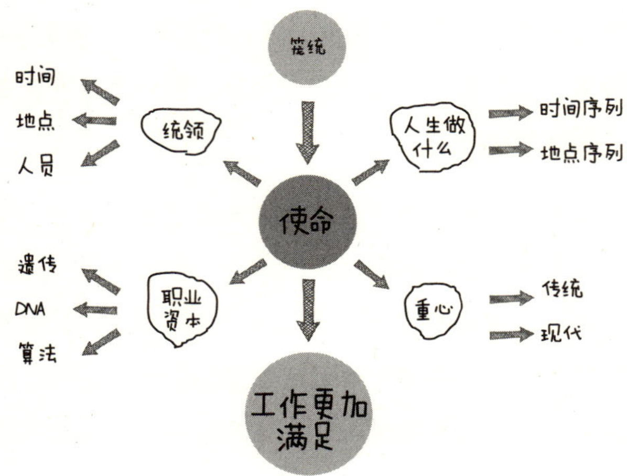

职场资本笔记

13

SO GOOD THEY CAN'T IGNORE YOU

在前沿地带找到使命感

拥有使命是件棘手的事

给我写信时的萨拉（Sarah）已是进退两难。她刚辞去了报社编辑的工作，去读了认知科学方向的研究生。萨拉大学毕业时就考虑过继续深造，但那个时候，她担心自己没有合适的专业知识。然而，随着年龄的增长，她的信心也越来越大。她注册了一门人工智能的课程并且得了高分，而这样一门课会“把年轻时的我给吓坏的”。从那以后，她决定放手一搏，立志成为一名全日制的博士研究生。

于是，麻烦开始了。在新的学生生涯开始后不久，她便感到气馁，因为她的事业没有一个统领性的使命。“我觉得自己有太多的兴趣。”她对我说，“我无法决定到底是做理论研究还是更加实用的工作，也不知道哪种工作更有意义。更令人害怕的是，我觉得其他的研究者都是天才……站在我的角度，你会怎么做？”

萨拉的情况让我想起了简。让我们回想一下：简辍了学，为的是“创立一家非营利组织来将我对健康、人类潜能以及充实生活的设想发扬光大”。不幸的是，这项使命在财务上遇到了严峻的考验，因为简未能筹到资金来支持自己这一模糊不清的设想。在我见到简时，她正在咨询如何才能找一份正常的工作，而这个任务也不容易，因为她没有学位。

萨拉和简都意识到了使命的力量，但是她们将其运用到各自的职业上时却遇到了重重困难。萨拉急切地想要找到一个帕蒂丝·萨贝蒂式的研究重心来改变人生，但是她无法立即就找到这样一个重心，这让她对读研产生了动摇。另一方面，简草草拼凑出一个模糊不清的使命（一家可以“将我对健康……的设想发扬光大”的非营利组织），然后希望自己一行动起来，剩下的具体问题就会自动解决。结果，简的遭遇不比萨拉好到哪儿去：事实上，那些具体问题不会自动被解决，这让简落得身无分文，而且还没有大学学位。

SO GOOD THEY CAN'T IGNORE YOU

职场竞争力

我讲这些是因为它们都强调了很重要的一点，那就是：拥有使命是件棘手的事情。萨拉和简的教训告诉我们，即使真的想围绕一项使命来安排自己的工作，也不意味着你就能轻易办到。在访问了哈佛大学之后，我意识到，想要将这种特质运用到自己的职业中，就需要更好地理解其棘手性。也就是说，我需要搞清楚萨贝蒂所做的与萨拉和简所做的有何不同。结果，我在研究一个令人费解的现象时，意想不到地找到了这个问题的答案。

使命创新的相邻可能

在写本章时，我正在加州圣何塞（San Jose）出席一场计算机科学会议。今天早些时候发生了一件很有意思的事情。我参加了一场活动，其中有 4 位分别来自 4 所不同大学的教授向观众报告了他们的最新研究成果。令人惊讶的是，这 4 份报告针对的都是同一个范围狭窄的问题（网络中的信息传递），而且用的是同一种技术（随机线性网络编码）。这就像是某天早晨，这个研究圈子的人醒来后，在同一时间集体决定研究同一个深奥的问题。

这是一个共同发现的例子。它让我感到意外，但却不会让科学作家史蒂文·约翰逊（Steven Johnson）意外。他在 2010 年出了一本可读性很强的书，叫《伟大创意的诞生》（*Where Good Ideas Come From*）[①]。在书中，约翰逊解释说，这样的“多次发现”（multiples）在科学史上经常出现。以 1611 年太阳黑子的发现为例，来自 4 个不同国家的 4 位科学家在同一年里全都发现了这一现象；再比如，第一块电池，它在 18 世纪中叶被发明了两次；又如氧气，它分别在 1772 年和 1774 年被两位科学家独立地分离出来。在约翰逊引用的一项研究中，来自哥伦比亚大学（Columbia University）的研究者发现，差不多有 150 项不同的重大科学突破是由多人在几乎同一时间取得的。

这些同时发现的例子虽然挺有意思，但似乎与我们对职业使命的研究关系不大。不过，请大家跟上我的思路，因为对这一现象的解读仅仅是个开始，后面还有一系列的逻辑推理，帮助我破解出萨贝蒂所做的与萨拉和简所做的有何不同。

---

① 本书中文版已由湛庐文化策划，浙江人民出版社出版。——编者注

约翰逊解释说，伟大的创意几乎总是出现在“相邻可能”（adjacent possible）之中。这一术语是从复杂系统生物学家斯图尔特·考夫曼（Stuart Kauffman）处借来的，他用这个词来描述化学结构从简单到复杂的自然形成。考夫曼注意到，一杯含有各种化学成分的溶液搅拌混合后，会形成很多新的化学物质。但并不是每一种新物质都有同样的形成可能性。我们所发现的新物质可以通过对溶液中已有的化学结构进行合成而得到。也就是说，新化学物质处于当前化学结构所限定的相邻可能区间。

SO GOOD THEY CAN'T IGNORE YOU 关键词

相邻可能 (The adjacent possible)

在任何领域，下一个伟大的创意通常就出现在当前发展前沿之外的相邻区间，而这个区间包含了对现有想法的各种可能的新组合。关键是，你必须达到某一领域的前沿，然后，这种相邻可能以及它所包含的创新才会显现。

约翰逊在借用这条术语时，将其中的复杂化学物质置换为文化和科学上的创新。“**我们把已有的或是偶然得到的想法拿过来，然后东拼西凑成某种新的样子。**”他这样解释道。在任何领域里，下一个伟大的创意就出现在当前发展前沿之外的相邻区间内，而这个区间包含了对现有想法的各种可能的新组合。这样说来，那些重大发现之所以会经常多次出现，是因为只有处于相邻可能区间的创意，才有实现的可能性，而只要它们处于相邻可能区间内，那么任何审视这一区域的人（即处于前沿的那些人）就会看到同样的创新点，从而得到同样的发现。

我们以空气的成分之一——氧气的分离为例。这是约翰逊书中有关“多次发现”的案例之一。只有下面这两件事发生，氧气的分离才成为可能：首先，科学家们开始将空气视为由各种元素组成的某种物质，而不是真空；其次，分离需要做实验，而研究者需要实验的关键工具，即高灵敏称具。只要达成这两个前提，氧气的分离便成为新近界定的相邻可能里一个显而易见的目标，并且对任何碰巧朝这个方向看的人来说都是可见的。当时，卡尔·威廉·舍勒（Carl Wilhelm Scheele）和约瑟夫·普里斯特利（Joseph Priestley）这两位科学家正朝这个方向看过来，因而他们独立但又几乎同时地做了相关的实验制成了氧气。

相邻可能还解释了我前面提到的那个例子。在那个例子中，4 名研究者在我出席的一个会议上用同一种复杂的技术处理了同一个难懂的问题。所用的具体技术（随机线性网络编码）在近两年才引起身为计算机专家的我的同事们的注意，因为那时才有研究相关课题的科学家用它成功地解决了一些难题。那 4 位科学家几乎同时注意到了它的潜在价值，并且最后在会上发布了关于此项技术的论文结果。用约翰逊的话来说，在这个学术领域里，这项技术重新界定了该领域的前沿，从而重新界定了其相邻可能。因此，在重新组合的区间中，信息传递问题就像是几个世纪前氧气的发现，突然间成为一个等待解决的显而易见的目标。

SO GOOD THEY CAN'T IGNORE YOU

职场竞争力

我们习惯认为创新应该是某种横空出世、震撼人心的事物，而创新者就应该立即改变人们看待世界的方式，并拥有远远超出人们当前水平的认知能力。我的观点是，创新其实更具系统性。科学家们一点一点将科技前沿向外扩展，在相邻可能中发现新问题；新问题的解决又会将前沿再向外扩展一些，产生更多的新问题；这样周而复始。“事实上，”约翰逊解释说，“技术（以及科学）进步很少超出‘相邻可能’的范围。”

前面提到如何理解相邻可能及其对创新的作用，这是我对“如何找到好的职业使命”这一问题的论述链条的第一环。在下一节里，我将串起第二环：由科学突破领域引向工作领域。

使命达成需要资本

我们知道，要想有科学上的突破，你首先要达到自己所在领域的前沿。只有这样你才能发现其延伸出来的创意无穷的相邻可能区间。我在思考萨贝蒂的同时，也在思考约翰逊的创新理论。于是，我的思考产生了一次跨越：**与科学突破类似，好的职业使命也是一种创新，而这种创新存在于你所在工作领域的相邻可能之中。因此，想要在自己的职业生涯中找到某种使命，你必须首先达到前沿，而且只有在那儿才能发现这些使命。**

这个观点可以解释萨拉的困境：她试图在达到前沿之前找到一个使命（她才读了两年研究生就开始为工作缺少重心而忧心忡忡）。作为一个研究生新生，她离前沿太远了，根本没有任何审视相邻可能的机会。如果看不到相邻可能，她就不可能在工作中找到一个吸引人的新方向。根据约翰逊的理论，如果萨拉首先在某一前景不错的细分领域成为专家（可能会花上几年时间），然后在那时再将注意力转到寻找一项使命上去，她的状况可能就会好一些。

同样，由于与相邻可能还存在距离，简也犯了错。她想创立一个革命性的非营利组织来改变人们的生活方式。然而，一个成功的非营利组织需要有一个明确而且有效的理念。简没有这样的理念。想要找到这样一种理念，她需要仔细审视自己的非营利组织所在领域的相邻可能；而这又需要她在改善人们生活的领域中首先达到最前沿。与萨拉遇到的情况一样，后一过程需要耐心，甚至是数年的努力。简在达到前沿之前就想找到一项使命，因而注定拿不出任何吸引人的想法。

SO GOOD THEY CAN'T IGNORE YOU

职场竞争力

其实，这些道理都是显而易见的。假如改变人生的使命只需空想和一个乐观的态度就可得到，那么改变世界会成为一件稀松平常的事情。然而，它并不稀松平常；相反，它很稀缺。现在，我们理解了这种稀缺性的存在，正是因为你必须首先达到前沿，才能有所突破。这是一个艰难的过程，其艰难程度正是我们大多数人在工作中试图逃避的。

反应快的读者可能注意到，这里所说的“达到前沿”听起来很像前面规则二里介绍过的职场资本。让我们回想一下。我用“职场资本”这一术语来指代那些稀缺而宝贵的技能，而且认为它是打造自己热爱的工作的主要“筹码”。大多数热爱自己的工作的人都是通过先积累职场资本，然后将其兑现为成就大事的特质，从而达到他们现在所处的位置。“达到某一领域的前沿”可以这样来理解：在这一过程中，你是在积累稀缺而宝贵的技能，从而积累自己的职场资本。同样，达到前沿后，“找到一个有吸引力的使命”就可以视为：对自己的职场资本进行投资，从而在职业上获取某种值得拥有的特质。换句话说，使命是职场资本理论在实际中运用的另一个实例。**想要拥有使命，你需要首先获取资本。假如跳过了这一步，那么你的结局可能会和萨拉和简一样：满腔热情，却无**

用武之地。

果然，当我们把视线转回萨贝蒂身上时，我们发现：她寻找使命的历程可以作为一个很好的例子，来说明这种职场资本理论的实际运用。

耐下心来，按正确的顺序做事

“我觉得一个人得需要激情才能快乐。”萨贝蒂这么对我说。乍一听，她好像支持激情假设，而我在规则一中已经对此进行过批驳。但是，她接着说道：“只是我们不知道那份激情是什么。问起来，他们会说自己热衷什么什么，但是他们可能想错了。”换句话说，她相信拥有激情对工作来说是至关重要的，但她还相信想要事先搞清楚什么样的工作会带来激情，这样做是徒劳的。

想知道萨贝蒂为什么会有这种想法，听一听她的经历就会明白了。“高中时，我对数学很着迷。”她对我说。后来，她很喜爱一位生物老师，这让她认为生物学也许就是为她准备的。当考上麻省理工学院时，她必须在数学和生物之间做出选择。“我发现，麻省理工的生物系对教学无比重视。”她解释说，“于是我选了生物作为主修。”主修生物后她又有了一个新的规划：她决心成为一名医生。“我自认为是一个关心别人的人。我想从医。”

萨贝蒂在麻省理工学院表现优异，因而获得了罗德奖学金（Rhodes Scholarship），并得以进入牛津大学攻读博士。她的研究方向是生物人类学。这是典型的牛津式的陈腐叫法，简单来说，就是“遗传学”。

正是在牛津大学，萨贝蒂开始坚信非洲和传染病也会是一个有意思的研究课题。算起来，这是在学生生涯里吸引她的第三个领域（至此，全部的项目包括数学、医学以及传染病）。这就是为什么她对“事先找到属于你的某个真正的天职”这种策略持谨慎态度。在她的经历中，很多不同事物在不同时期看起来都很有吸引力。

出于自己刚对非洲产生的兴趣，萨贝蒂加入了一个研究小组，利用基因分析来帮助非裔美国人追踪他们的族谱，找到他们在非洲的发源地。大约一年之后，萨贝蒂决定换个实验室。于是，她转入朋友推荐的另一家实验室，而这家实验室研究的是疟疾的基因。

从牛津大学毕业后，萨贝蒂回到哈佛医学院（Harvard Medical School），想攻读医学博士学位。虽然自己就要拥有遗传学博士学位，但她根本没想过放弃早先“自己注定会成为一名医生”的理想。结果，她成了一名年轻的医学生，而且还要在课余时间完成一篇博士论文。“你要是想写生活的高品质和有趣的一面，那就别问我在哈佛的日子。”她提醒说，“哈佛的日子挺难熬的。”

在完成博士论文，成了一名遗传学博士后，萨贝蒂继续开展研究工作，而且还要兼顾自己的医学博士项目。因此，她乘坐地铁往返于哈佛和麻省理工之间，在两所学校共同拥有的布罗德研究所（Broad Institute）与著名遗传学家埃里克·兰德（Eric Lander）一起开展研究。正是在这期间，她的想法（用统计分析来寻找近期人类进化的证据）开始有了成果，并于2002年在《自然》（*Nature*）杂志上发表了一篇学术论文，它的标题听起来不怎么吸引人：《从单倍型结构检测人类基因组的近期正向选择》。

根据谷歌学术搜索的结果，这篇论文自从发表以来已经被引用了超过 720 次。“那篇论文发表后，人们对我的态度就不一样了。”萨贝蒂说，“从那以后，很多学校发来了聘书。”虽然在此期间她读完了医学博士，但直到此时，她的使命才最终确定：做临床医师没什么意义，她要致力于研究用计算遗传学来抗击古老疾病。最后，萨贝蒂接受了哈佛大学的教授聘书，从而做好了在事业上投身于某个单一目标的准备。

萨贝蒂的经历之所以吸引我，是因为在她的专业训练过程中，成就现在这份事业的使命来得是如此之晚。这种“晚”的最佳体现便是她仍然要上（而且还要读完）医学院的决定，尽管当时她的博士研究已经开始得到关注了。假如萨贝蒂是一个从一开始就对自己命运确信不疑的人，她就不会做出这种举动。直到后来，也就是在《自然》杂志上发表论文前后，萨贝蒂才找到了这份确信，而那个时候的她已经在计算遗传学方面形成了自己的想法，而且这种想法的实用性和新颖性显而易见。

用我的话来说，从本科的生物学课程到博士研究，再到布罗德研究所的博士后工作，这么长的训练期正是她积累职场资本的过程。接受哈佛大学的教授工作，就是她终于准备将这种资本进行变现，从而获得一份让她至今受用的使命驱动型事业。

规则四要强调的是“往小处想，往大处做”。只有理解了职场资本以及它在使命上所起的作用，才能解释得通这句话。**“达到某一领域的前沿水平”，正是往“小处”想的举动，这需要你在相当长一段时间内专注于很少的几个课题。然而，一旦达到了前沿并且在相邻可能中找到了一项使命，那么你必须以极大的热情去追求它，即往“大处”去做。**

萨贝蒂通过耐心地专注于一个细分领域（非洲疾病的遗传学研究）多年而实现了“往小处想”。然而，一旦获得了足够的资本并找到一项使命（利用计算遗传学来帮助人们理解和对抗古老疾病），她便“往大处做”。相比之下，萨拉和简将这个顺序颠倒了。她们先是往大处去想，想找到一个改变世界的使命。但是，由于缺乏资本，她们只能空有一个宏伟的想法而做些徒劳琐碎的事情。我们从中可以得出这样一个结论：想要明确使命，我们应该抑制自己在工作上好大喜功的本能，转而耐下心来（萨贝蒂的那种耐心），按照正确的顺序做事。

14

SO GOOD THEY CAN'T IGNORE YOU

使命需要“小赌”

让伟大的想法结出硕果

与萨贝蒂的相处让我相信：要找到一项不错的使命，你必须拥有职场资本。然而，虽然这种想法不断得到巩固，但仍有一个纠缠不休的问题一直让我的头脑得不到满足：为什么我就没有一份使命驱动型事业？

在见到萨贝蒂时，我拥有一个麻省理工学院计算机科学的博士学位，并且以我的名字发表了20多篇经过同行评议的论文。我在世界各地（从里约热内卢到博洛尼亚再到苏黎世）就自己的工作发表各种演讲。换句话说，我已经积累到了职场资本，而且这些资本让我可以找到很多与我的技能相关的潜在使命。我甚至记下了这些头脑风暴式的想法，因为我总是随身带着一个记事本。例如，2011年3月13日，我所记录的一个想法是在工作上专注于一种刚刚出现的分布式算法理论（无限制的拓扑变化下通信图的算法研究）。我写道：我可以全身心地发展这种理论，就像 20 世纪 80 年代初期混沌理论的早期支持者们那样。

但是，我还得回到那个纠缠不休的问题上去。虽然记了好几本的潜在使命，但我却不愿意投身于其中的任何一个。然而，不止我一个人不愿意付诸行动。**许多有着大量职场资本的人都可以在工作中找到很多不同的潜在使命，但却很少有人围绕这些使命建立自己的事业。因此，要想运用好使命，仅仅达到前沿似乎还不够。**一旦拥有足够的资本并找到一项使命，你必须还得搞清楚如何将使命付诸实践。如果没有一种可靠的策略来实现从想法到执行的跨越，那么你可能干脆连跨都不跨了，就像我和其他很多人一样。

本章以及下一章研究的都是那些成功实现跨越的人。我的目标是找到一些可以让伟大的想法结出硕果的具体策略。我希望这些策略能使记事本中的那些使命不再只是单纯的想法，而是可以作为基础进而发展成为一项引人注目的事业。我们的第一位主人公是一位颇为自信的年轻考古学家，来自得克萨斯州东南部的一个小镇。他找到了一套系统的策略，从而在一个以循规蹈矩而著称的领域里，将一项大胆的使命付诸实践。

《美国宝藏》

我是在收看探索频道时第一次知道了柯克·弗伦奇（Kirk French）。在一段广告时间里，我看到一则关于频道最新节目的预告片，叫《美国宝藏》（*American Treasures*）。片中，两个年轻的考古学家穿着牛仔裤和破旧的工作衫，开着一辆老旧的福特 F150，去美国的偏远地区帮助人们鉴别他们的家传宝的历史价值。这两个主持人是考古学家柯克·弗伦奇和贾森·德莱昂（Jason De León）。他们看起来很招摇，干劲十足并且非常喜欢自己的工作。这个节目很像《古董巡回秀》①，只不过多了很多酒精和脏话。我录下了它的第一集。

> 这一集开始不久，弗伦奇和德莱昂来到了得克萨斯东部的平原地区，他们顺着土路找到一处破败的宅子。此行的目的是鉴定一件衣服的真伪，而这件衣服据说是美国著名的“雌雄大盗”邦妮和克莱德（Bonnie and Clyde）中的克莱德·巴罗（Clyde Barrow）穿过的。
>
> 考古学家们只用了30秒就证明这个说法不靠谱，因为那个年代的衣服上不会有“中国制造”的标签。不过，这并不会打消他们的热情。
>
> “你的祖上贩过私酒？”弗伦奇问道。
>
> “哎……对。”衣服的主人莱斯利（Leslie）拉着长调答道。
>
> “来，倒点私酒尝尝。”
>
> 不一会儿，一罐酒就弄好了。莱斯利一边往小玻璃瓶里倒酒，一边提醒说：“别问酒精度数，知道你就不喝了。”弗伦奇和德莱昂坐在两个木墩上，喝着私酒、聊着天，四周是得州东部的荒芜景象……看起来，他们过得很开心。

我沉醉了。想理解《美国宝藏》的吸引力，你必须了解一下它所处的竞争环境。那个时候，电视上充斥着各种“垃圾换钱”类的节目。例如，在历史频道（History Channel）的《典当之星》（*Pawn Stars*）节

①《古董巡回秀》（*Antiques Roadshow*）是一档最早由BBC在1979年推出的鉴宝节目。节目组到各个城市巡回录制，当地的居民带着自己收藏的古董到节目现场接受专家的鉴定。美国版同名节目由PBS制作播出。——译者注

目中，来自拉斯维加斯的典当行人员在跟囊中羞涩的人讨价还价，试图从他们手里以低价买下值钱的宝贝。再如，探索频道的《拍卖之王》（*Auction Kings*）节目讲的是亚特兰大一家拍卖行的种种奇遇，而其网站上的感叹号的使用量明显比苏富比（Sotheby）之类的拍卖行网站要多得多。当然，另一个特点鲜明的节目是同属探索频道的《美国破烂王》（*American Pickers*）。这个节目关注的也是一队收购别人财物的人马，只不过这群人不是坐在店铺里，而是开着一辆货车四处淘便宜货。除了这几个，还有两个节目也很有特点：探索频道的《仓储挖宝王》（*Auction Hunters*）和历史频道的《仓库淘宝大战》（*Storage Wars*）。它们都非常热衷于在拍卖会上收购废弃的仓库物品。这个话题似乎很值得挖掘，搞得一季完了还有好几季。

这样的节目永远不会让我感兴趣，但《美国宝藏》中的某些东西却引起了我的注意。抛开节目名称不谈（弗伦奇后来向我坦白他也讨厌这个名字，而且曾反对过），我认为它吸引我的地方在于：这两个主持人的目的不仅仅是想上电视。一方面，他们的专职工作不是电视主持人，而是大学里的考古学家。因此，探索频道必须买断他们一学期的教学任务，这样他们才可以参加第一季节目的录制。另一方面，这个节目中没有现金交易（这是此类节目的主流元素）。给文物贴上价格标签，这与考古学的使命相背离，而且弗伦奇和德莱昂也拒绝在节目中这样做。相反，这两位主持人的动力似乎来自这样一种理念：他们是在让大众了解现代考古学的真实情况。这才是他们的使命。在第一集里，他们抿着得州东部的烈酒，脸上洋溢着笑容。这样看来，追求这项使命让他们得到了极大的快乐。

大约就在我开始质疑自己为什么没有一项使命驱动型事业时，我见到了萨贝蒂。与她会面不久，我就想起了弗伦奇和德莱昂。我意识到，他们的案例完美地说明了如何跨越想法和实践之间的鸿沟。从字面上来看，“向广大观众普及考古学并且从中得到快乐”这项使命听起来不错。但是，在职业生涯里真正投身于这项使命，这样做的前景并不乐观，特别是对一个刚刚读完研究生、想在传统的学术领域出名的人来说。我给弗伦奇打了电话，想知道他用了什么招数才从容地完成了这个跨越。

“足不出户的考古学家”

认识弗伦奇的人都不会说他是个无聊的人。“布什赢得 2004 年大选之后，”他对我说，“我有些失落。于是，我变卖了所有财产，搬到了林子里。”他所说的“林子”是指一处 6 万平方米的旧农场，离他当时读研的宾州州立大学（Penn State）校区有 20 分钟车程。

他一边过着自己的“隐居”生活，一边决定在一个苹果园里用木头搭建一个舞台，并组织一场音乐节。这个音乐节自然被他命名为“柯克音乐节”。那个时候，他的研究生同学德莱昂组织了一个乐队，叫“威尔科克斯旅馆”（Wilcox Hotel），他们在音乐节做了演出。德莱昂对弗伦奇的创业特质很是钦佩，于是问他愿不愿意管理这个乐队。弗伦奇觉得挺有意思，就接受了。结果，他们中断了研究生学业，并且买了一辆面包车，“开着车来回穿越整个国家”进行巡回演出。在此期间，他们还录制了两张 CD。讲这些事情，是因为它们都强调了一点：只要能让生活变得更有意思，那么弗伦奇就会毫不犹豫地大胆尝试。

研究生期间，弗伦奇专门研究玛雅人的用水管理，曾在历史频道关于玛雅人的纪录片《失落的世界》(*Lost Worlds*)中接受过采访。他总是在寻找有创意的渠道来释放能量，因此，这份经历让他坚定了一项事业上的潜在使命：向广大观众普及现代考古学。取得博士学位后，他继续从事博士后工作。从此，他开始沿着这个方向探索。最初的努力是围绕1961年的经典纪录片《土地和水：墨西哥特奥蒂瓦坎谷地生态学研究》(*Land and Water: An Ecological Study of the Teotihuacan Valley of Mexico*)而展开的。这部纪录片由宾州州立大学的已故考古学家威廉·桑德斯（William Sanders）所拍摄，内容是关于墨西哥城的崛起如何彻底改变了特奥蒂瓦坎谷地的生态环境和生活方式。对于像弗伦奇这样研究历史生态学的人来说，这部片子影响巨大。

2009年秋季，弗伦奇拿到了原始的16毫米胶片，其中包括从未在原片中出现过的零散素材，以及桑德斯的笔记。根据这一发现，他开展了两个项目。首先是把电影胶片数字化，并且发行了原版纪录片的DVD。这个项目已于2010年春季完成。第二个项目则更为宏大——他决定拍摄这部片子的升级版，以展现该谷地从20世纪60年代至今所发生的后续变化。弗伦奇从宾州州立大学考古系以及玛雅文明探索中心（Maya Exporation Center）筹集到了种子资金。他组织了一支队伍，于2010年冬季前往墨西哥城，开始拍摄样片。他的目的是凑齐足够有力的画面来“让赞助单位相信这个项目是很重要的”。

然而，弗伦奇在使命上的转折始于2009年12月。一天，隔壁办公室的乔治·米尔纳（George Milner）教授叫他过去。过去一看，一群考古学家都站在米尔纳的电话周围。“来听听这条留言。”米尔纳一边说一边接通了自己的语音信箱。留言的人住在匹兹堡北部，听起来口齿伶俐、思维缜密，起码暂时如此。不过后来，他开始讲到为什么要给宾州州立大学考古系打电话。“我在后院里发现了件东西。我觉得它是圣殿骑士团[①]的宝物。”他解释说。

聚在一起的学者们都大笑起来，此时，弗伦奇突然插话说：“我想给他回个电话。”周围经验更丰富的同事们纷纷劝他算了。“他会缠上你的。”他们提醒道，“他会每周都给你打电话，问你一堆问题。”

据弗伦奇说，在像考古这样的学术圈里，你能接到很多这样的电话（“有人认为自己发现了恐龙脚印，或是其他什么东西”），但在研究和教学压力下，你没有时间去和他们打交道。不过，弗伦奇从中看到了一线机会来实现自己的使命。“这种公众宣教工作正是我们这些考古学家应该做的。”他有了这种意识。

他决定随机对打到系里的电话进行追踪访问。他打算去见见那些人，听听他们的故事，并且给他们讲解一些考古学的基础知识。这样的话，他们就会明白一个中世纪骑士组织的确不会在匹兹堡的山地周围晃悠。他不但要见到他们，而且还要把这些会面拍摄下来，为的是最后挑出最有意思的案例来制作一部纪录片。他把这个项目叫“足不出户的考古学家”。据他设想，这个编外项目会花上 5 年或 10 年，因为同时他还要在特奥蒂瓦坎谷地进行拍摄。“我心想，最起码我可以在考古学导论课上把它放给学生们看。”他说。

在听到有关圣殿骑士团宝物的电话录音后不久，弗伦奇找了一个周日的早晨，带上一个摄像师兼录音师，出发前往匹兹堡，去调查那个人所声称的情况。“他是个很酷的家伙。”弗伦奇回忆说，“他的想法很疯狂，

① 圣殿骑士团（Knights Templar）是欧洲中世纪出现的天主教军事组织。——译者注

但跟他聊天很有意思。我们闲逛了一天，喝了些啤酒，侃侃大山。”虽然那件“宝物”不过是在一个采石场找到的几根旧鹿骨和铁路道钉，但这段经历对他来说是个很大的鼓舞。另外，这件事带来的影响也远远超出了他的想象。

大约在这个时候，探索频道打算推出一部跟考古学有关的真人秀节目。按照电视行业的惯常做法，电视台并不会自己去完善这个想法，而是把他们的大致意向传出去，让独立制作公司去琢磨具体的节目构思。在弗伦奇拍完匹兹堡素材的3个月后，一家制作公司联系了宾州州立大学考古系的负责人，而后者将制作公司的信息转发给了全系教职工。“的确，那个时候我才做了3个月的讲师，”弗伦奇回忆说，“但是我对媒体真的很感兴趣，于是心想，‘为什么我就不行呢？’”于是，弗伦奇联系上那家制作公司。“对于你们那个节目，我有些想法。”初步交谈没多久，他就这样告诉他们。后来，他把“足不出户的考古学家”的素材给他们寄了过去。

制作公司很喜欢他的想法，也很喜欢弗伦奇这个人。他们重新拍摄了他探访“圣殿骑士宝物”的过程，并且把录像带分别寄给了探索频道和历史频道。后者同意出钱拍一部试播集，而前者则说：“去它的试播集。我们拍上个8集。”他们让弗伦奇找个主持搭档，而他只给了一个人的名字，那就是他的好朋友德莱昂。德莱昂也刚从宾州州立大学毕业，在密歇根大学做助理教授。他们让探索频道买断了两人当年秋季的教学任务，然后出发去拍摄了第一季的节目，也就是后来的《美国宝藏》。[①]

① 弗伦奇和德莱昂非常厌恶这个节目名，因为它给文物赋予了经济价值，这违背了考古学的宗旨。他们更喜欢最初提议的名字：《文物还是幻觉》(*Artifact or Fiction*)。不过，颇具讽刺意味的是，第一季才播了3集，探索频道便被一个人告上了法庭，这个人声称拥有“美国宝藏”这个名称的版权。于是，他们在那个夏天停播了节目，并且打算在第二年夏天重新播出。这一次，他们采用了弗伦奇和德莱昂最初提议的名字。

善用“小赌”

弗伦奇的使命是普及考古学，他想以此来创造一种激动人心的生活，而主持《美国宝藏》让这项使命变为了现实。那么，问题来了：他是如何实现从一个笼统概念到具体行动的跨越的？

据我所知，弗伦奇通往《美国宝藏》的道路是循序渐进的。他不是莫名其妙就想到要主持一个电视节目，然后再回头去完成这个梦想。相反，他从自己最初的使命（普及考古学）出发，通过一系列小的试探步骤，不断向前推进。例如，他在意外得到《土地和水》的旧胶片时，决定把它们数字化并且制成DVD。在迈出这一小步之后，他又迈出了稍大的一步：筹集资金、探索性地拍摄该纪录片的新版本。后来，他听到了乔治·米尔纳放的留言机录音（决定性因素），从而迈出了另外一小步：启动“足不出户的考古学家”项目，虽然他并不知道除了可以作为考古学导论课程的材料之外，它还有什么其他用途。但是，结果发现，最后的这一小步成了最为关键的一步，直接让他拥有了自己的电视节目。

SO GOOD THEY CAN'T IGNORE YOU 关键词

“小赌”(Little bets)

不一定要以一项伟大的创意开始，或者事先做好全盘规划，而是通过一系列有条不紊的“小赌”探索出一个可能不错的方向，并且从大量的小失误以及那些意义重大的小成功中汲取关键信息。

就在我艰难地试图理顺弗伦奇的故事时，一本引起轰动的商业新书意外地进入了我的视线。书名叫《小赌大胜》(*Little Bets*)，是由前风险投资家彼得·西姆斯（Peter Sims）所著。西姆斯研究了各种成功的创新人物，如乔布斯、克里斯·洛克（Chris Rock）以及弗兰克·盖里（Frank Gehry），以及很多创新型公司，如亚马逊和皮克斯（Pixar），并且从中发现了一条普遍适用的策略。“他们没有想着一定要以一项伟大的创意开始，或者事先做好全盘规划。”他写道，“相反，他们通过一系列有条不紊的‘小赌’探索出一个大致不错的方向，并且从大量的小失误以及那些意义重大的小成功中汲取关键信息。”西姆斯认为，这种快速而频繁的反馈“让他们得以发现别人发现不了的发展之路，从而取得了非凡的成就”。

为了阐述自己的观点，西姆斯举了克里斯·洛克的例子。他详细描述洛克为一场喜剧表演做准备的过程，而这场表演出现在他颇受好评的HBO专题节目中。洛克会低调地访问新泽西地区的一家小戏剧场，次数在40～50次，为的是研究哪些喜剧素材能引人发笑而哪些不能。据西姆斯的叙述，洛克上台时总是带着一个黄色便签本，然后一边讲着上面不同的笑话，一边记下观众的反应。大多数素材都达不到预想的效果。因此，他没少抬起头，然后说道：“这条笑话需要再加工加工。”于是，观众对他的尴尬失误报以笑声。然而，讲笑话时遇到的这些小失误以及小成功为他提供了必要的关键信息，让他能够完整展现出一部出色的喜剧。

SO GOOD THEY CAN'T IGNORE YOU

职场竞争力

我意识到，弗伦奇正是运用这种“小赌”策略，从而在“普及考古学”这项使命上探索出一条道路。他试过发行DVD、拍摄纪录片，以及为学生凑出一部系列片。虽然最后一项的前景最好，但弗伦奇事先并不知道会是这样。关于“小赌”，有一点很重要，那就是它们的规模都不大。完成一项最多只需几个月时间。它要么成功、要么失败，但不管是哪种结果，你都会获得重要的反馈来指导自己的下一步。这不同于另一种想法，即：选择一项大胆的计划并且投入“大赌”来获得成功。假如弗伦奇选择了后一种做法（比如事先决定投入数年时间来普及《土地和水》这部纪录片），那么他就不会在其使命上获得如此大的成就。

回头看看萨贝蒂的经历，我发现“小赌”策略也在发挥作用。回想一下，她在读研早期便确定了一项大致的使命：对付非洲的传染病。但是在这个阶段，她并不知道如何才能成功实现这项使命，因而开展了一系列实验。一开始，她在一家实验室研究非裔美国人的基因遗传，但这个方向似乎不太对。于是，她转而加入了一个研究疟疾的团队，但这次她还是不清楚如何成功实现自己的使命。回到哈佛大学之后，她开始在布罗德研究所从事博士后研究。正是在这里，她逐渐得到了支持，开始利用自己的算法在人类基因组里找寻自然选择的标记。结果证明，在她所下的一连串“赌注”中，最后一注赢得最多，也成了她毕生的职业追求。正是这种试探性的而非大胆的做法让她得以把一项笼统的使命转化为实实在在的成功。

让我们花点时间整理一下有关使命的内容。在上一章里，我举了萨贝蒂的例子，强调先要有职场资本然后才能找到一项现实的职业使命。无论你对使命的设想有多好，也不意味着你能成功地实现它。基于这一点，我们在本章研究了弗伦奇的人生，为的是更好地理解如何实现从“找到一项现实使命”到“成功将其变为现实”的跨越。

我们发现，“小赌”很重要。为了让成功的可能性最大化，你应该运用小而具体的试探来获得实实在在的反馈。对于洛克来说，“小赌”也许就是给观众讲个笑话，然后看看他们笑不笑；而对弗伦奇来说，它可能是制作一部纪录片的样片，然后看能否吸引到资金支持。通过这些“小赌”，你可以围绕一项笼统的使命探索出具体的实现途径，从而找到最可能取得优秀成果的方法。

如果说职场资本能够让人找到一项有吸引力的使命，那么正是“小赌”策略让这项使命的成功实现成为可能。想要运用好使命方面的职业发展手段，你需要两者兼顾。然而，在下一章你将了解到，这还不是使命的全部方面。经过对这一话题的继续探讨，我发现了第三种、也是最后一种策略来帮助我们将“使命”这一特质融入探求理想工作的过程之中。

阅读手记

精读引路人：孙路弘

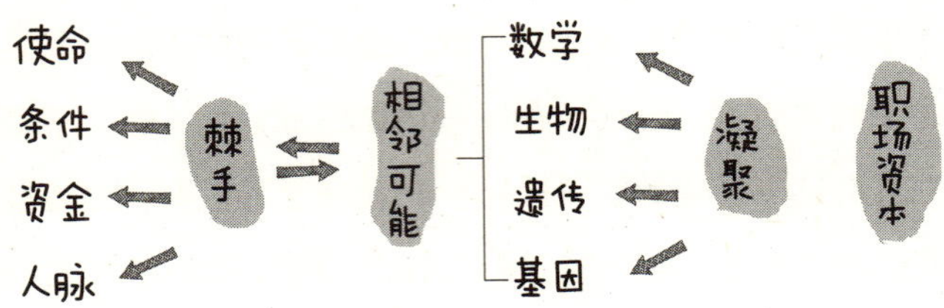

职场资本笔记

15

SO GOOD THEY CAN'T IGNORE YOU

要么引人注目，要么默默无闻

程序员里的“摇滚巨星”

贾尔斯·鲍凯特（Giles Bowkett）热爱自己的工作。事实上，我第一次认识鲍凯特是通过他发来的一封电子邮件。邮件的标题是“我的非凡人生”。

然而，鲍凯特并不是一直都热爱自己的事业。有几段时间，他破了产并且失了业；还有些时候，他的工作让他感到无聊至极。2008 年，他迎来了人生转折点。在那一年里，他成了程序设计师眼中的“摇滚巨星”。这个圈子里的人专门研究一种叫“红宝石”（Ruby）的编程语言。“好像地球上每个 Ruby 程序员都知道我的名字。”他这样对我说起自己的新名气，“不夸张地说，我见过来自阿根廷和挪威的人。他们不光知道我是谁，而且当发现我对此毫不知情时，他们完全震惊了。”

我在后面将会详细讲述鲍凯特是如何成为一名巨星的，但首先要强调的是：这份名气让他能够掌控自己的职业，并将其转化为自己所热爱的事物。“我对旧金山和硅谷的很多公司都感兴趣。”他向我回忆起2008年的那段时间。当时，他决定去ENTP公司工作。这家公司是美国最好的Ruby编程公司之一，他们付给他双倍的薪水，还把他放在有意思的项目组里。2009年，鲍凯特萌发了创业的念头。于是，他离开了ENTP公司，并且建了一个博客，上面放了一些小程序。很快，他赚到了足够的钱来支持自己的生活。“我有一个读者群。他们向我问了一堆不同的问题，想知道我的看法。”他对我说，“很多情况下，他们很痛快地付了钱，为的就是向我提问题。”

最后，他厌倦了这种单调的生活方式。（“要是没有室友、没有女友，甚至连条狗都没有，那么在家工作多少有点残缺。”）于是，怀着自己一直以来对电影制作的兴趣，他去了一家名为“hitRECord”的公司。这家由演员约瑟夫·高登莱维特（Joseph Gordon-Levitt）所创立的公司为众筹媒体项目提供了一个基于网络的平台。吸引鲍凯特的倒不是很高的薪水（“好莱坞所理解的程序员薪水非常不靠谱”），而是他们所做的听起来很有意思——这是其职业生涯中最重要的判断标准之一。“那段经历相当棒。”他对我说，“我能有机会与《盗梦空间》以及下一部《蝙蝠侠》里的一位明星一起消遣，比如在他家里喝喝啤酒之类的。”在我与他见面后不久，也就是他已经在好莱坞闯出了一点名堂之后，他再一次转身离开，因为有家出版社请他写本书，而他答应了。为什么不呢？写书听起来也挺有意思。

鲍凯特从一个机会跳到另一个机会的速度之快可能让人感到疑惑，但这种生活方式完全符合他容易亢奋的个性。比如说，他最喜欢使用的演讲技巧之一便是一边提高语速一边快速切换幻灯片，每张幻灯片上只有一个关键词，并且这个词正好在他说到时出现在屏幕上——这样的演讲很有咖啡因般的冲击效果。换句话说，他运用自己的资本打造出一份符合自己个性的职业。因此，他现在热爱自己的工作。

我在此讲述鲍凯特的经历，是因为在他获得名气的过程中，起核心作用的正是他的使命。具体来说，鲍凯特致力于达成“将艺术世界与Ruby编程世界结合起来”这个使命。最后，他发布了一个名为“始祖鸟”（Archaeopteryx）的开源人工智能程序，从而成功地实现了这一使命。这个程序可以编写并播放舞曲，但它的运行过程可能看起来很怪异：在电脑命令行输入一串平淡无奇的指令，这样就会出来一股强劲、复杂的高科技碎拍舞曲；在这个人工智能引擎底层运行着贝叶斯概率矩阵，倘若改变其中的某个值，这首舞曲便瞬间变得完全不同。这样一来，音乐创作本身好像已被简化为一系列的方程式和简短的代码。这样的非凡成就让鲍凯特成了明星。

SO GOOD THEY CAN'T IGNORE YOU

职场竞争力

鲍凯特身上让我最感兴趣的问题是：他是如何实现从一个笼统的使命（将艺术与Ruby编程结合起来）到使其成名的具体项目（“始祖鸟”）的跨越的？为了探索从笼统使命到具体项目的好方法，在上一章里我强调了运用“小赌”策略的重要性。但是，鲍凯特为这一目标的实现增添了另一层面的细微差异。他通过系统地研究有关书籍，搞清楚了为什么有些想法被广泛接受而有些失败了，然后以营销人员的思维模式，完成了为自己的使命寻找好项目的任务。对于那些期待运用使命来探求理想工作的人来说，他的这种以营销为核心的方法非常有用。

生产“紫牛”

鲍凯特在圣达菲学院（Santa Fe College）只上了一年便辍了学，从此开始了他的职业生涯。他尝试写过剧本，“但是写得不好”；也试过编曲，“这我倒挺擅长，但赚不到钱”；甚至还做过临时工。出于艺术上的天赋，鲍凯特对以前公司里的平面设计师的工作很感兴趣，而且从他们那儿了解到一种奇特的标记语言。这种将要改变设计界的语言叫作“超文本标记语言”（Hypertext Markup Language，HTML）。1994 年，鲍凯特创建了他的第一个网页。1996 年，他搬到了旧金山，随身带着 Java 和 Perl（两者都是编程语言，对早期互联网起到了基础作用）的相关书籍。1994 年，他赚了 30 000 美元。1996 年，这个数字升到了 100 000 美元。与此同时，互联网热潮正加速发展。可以说，鲍凯特在正确的时间带着正确的技能出现在了正确的地方。

起初，对鲍凯特来说，在旧金山的一切进展得都很顺利。他很喜欢设计网站，而且经常在闲暇时间出入当地的音乐场所。然而，职业发展的走向有时难以预料。不久，他开始为一家投资银行做编程工作。“这份工作让我无聊得发疯。”他回忆说，“于是，我决定去做一件大胆的事情，向一家非常有趣的创业公司申请工作。”在他提交申请的第二天，那家创业公司倒闭了。第一波互联网泡沫破灭开始了。“很快，我成了朋友圈里唯一有工作的人。”他回忆说，“我跟一位招聘人员说想找点更喜欢的事情做。他说别人能有份工作就该狂喜了。”

但鲍凯特不是别人。他不顾招聘人员的劝告辞去了工作，并且搬回了圣达菲。他租了一辆露营车，停在他父母的地上，然后住了进去。他一边帮父母盖一座太阳能房屋，一边在当地的社区学院里报了一些课程，学习绘画、声乐、钢琴，以及录音棚工程。最后那门课也许是最重要的，因为它让鲍凯特接触到了偶然音乐（aleatoric music），也就是利用算法来作曲。就在这片荒漠之中，在上了这些艺术课之后，他做了一个关键的决定。首先，他意识到如果一份职业不受任何约束，那么它可能会把你带入危险的境地，比如为一家投资银行写代码来烦死你。因此，他需要一项使命来主动引导自己的职业发展；否则，他会一次又一次地被困住。于是，他决定，对他来说，一项好的使命应当结合了他人生中的艺术和技术这两方面。不过，他不知道如何把这个笼统的想法变为赚钱的现实。于是，他开始寻找答案。最后，他是在两本毫不相干的书里找到了答案。

“要么引人注目，要么默默无闻。”赛斯·高汀（Seth Godin）在他 2002 年的畅销书《紫牛》（*Purple Cow*）中这样写道。对此，他在《快公司》上发表的一篇声明中强调：“这世上到处都是无聊的事物，也就是棕牛，所以没人会注意。……一头紫牛……这时出现了。引人注目的营销策略就是打造值得关注的事物。”读了高汀的书之后，鲍凯特顿悟：**想要打造一份可以持续发展的事业，必须生产“紫牛”，即引人注目而且能够迫使人们广为传播的项目。**

但是，这让他产生了第二个问题：在计算机编程世界里，人们要在哪里启动引人注目的项目？他在 2005 年的一本职业指导书中找到了这个问题的答案。这本书的题目很奇特，叫作《我的工作去了印度：52 种让你保住工作的方法》（*My Job Went to India: 52 Ways to Save Your Job*）。它的作者查德·福勒（Chad Fowler）是一位著名的 Ruby 编程师，同时也为软件开发人员提供职业建议。在他的 52 种方法中，最有特色的是求职者应该充分利用开源运动的思想。这项运动团结了一批程序员，这些人自愿花时间来开发可以随意下载、修改的软件。福勒认为这一群体受到广泛尊敬并且非常显眼。如果你想在软件开发方面获得名气（那种对保障就业有帮助的名气），那就专心致志地在开源项目上做出杰出的贡献吧。很多大人物正是在这些项目中寻觅人才的。

“这个时候，我基本上就是在做简单的加法。”鲍凯特对我说道，“我把《紫牛》和《我的工作去了印度》这两本书结合起来，就得到了把自己作为程序员推销出去的最佳方法——开发引人注目的开源软件。于是，我就这样干了。”

根据高汀一书的建议，鲍凯特想出了开发一个人工智能音乐创作器（也就是“始祖鸟”程序）的点子。“我觉得其他人没有我这种音乐和技术相结合的背景。”他说，“很多 Ruby 程序员非常喜欢舞曲，但我想他们中没有人像我这样花多得离谱的时间，来一遍又一遍地调音、发行不赚钱的白标唱片[①]以及研究音乐理论。”换句话说，鲍凯特编写 Ruby 音乐生成程序的技能是独一无二的。要是做成了，它就是一头“紫牛”。

根据福勒一书的建议，鲍凯特认定开源社区是向世界推荐这头“紫牛”的最佳场合。除了以开源形式发布“始祖鸟”的程序代码，他还开始了传播工作。“我基本上把查德·福勒的建议执行得过了头。几乎每个能去的用户群或会议，我都跑去发言。2008 年，我至少去了 15 场。”鲍凯特回忆说。这种将高汀和福勒的建议结合起来的策略起了作用。“我接到了四处发来的工作邀请。”鲍凯特回忆说，“我有机会与业界名人一起工作，还有人请我写一本跟‘始祖鸟’程序有关的书，我收取的费用也比以前高了。”换句话说，正是这一策略让他的使命获得了成功。

---

① 白标唱片（White-label records）是通常由 DJ 或小厂牌小批量发行的音乐产品，用于测试或推广新人等。——译者注

引人注目法则

在鲍凯特的例子上，我不断地重复一个形容词，那就是“引人注目”。我认为，根据鲍凯特的发现，**一个出色的使命驱动型项目必须在两个不同的方面达到引人注目。首先，按照“引人注目”的字面意思，它应该能够迫使人们注意它。**为了理解这一特质，让我们先看一看那些不具备此特质的事物。在发布“始祖鸟”程序之前，鲍凯特做过另一个开源项目。他收集了 Ruby 编程中用到的热门命令行工具，并用统一的文档格式把它们打包在一起。假如你去问一名 Ruby 程序员对这个项目的看法，那么他会跟你说这是一项实在的、有质量的、有用的工作。然而，这样一个项目并不能迫使他写邮件给自己的朋友说：“来看看这个东西！”

用赛斯·高汀的话来说，鲍凯特的早期项目是一头“棕牛”。相比之下，教电脑自己写出复杂的乐曲，这才是一头“紫牛”，因为它引发人们的注意并让人广泛传播。

以上是“引人注目”的第一层意思，好处是它对所有领域都适用。以写书为例，假如我写了一本内容充实的书来帮助刚毕业的人顺利过渡到职场，你也许会觉得这本书很有用，但不会立马掏出手机、发微博点赞。但是，假如我写了一本书而且书中说“追随自己的激情是个糟糕的建议”，这就会迫使你去传播这句话（但愿如此）。也就是说，我在最初构思你手里拿的这本书时，就希望它能被视作“引人注目”的。

不过，“引人注目”还有第二层意思。鲍凯特并不是找到一个引发人们评论的项目就完了，他还在一个利于评论发生的场合将该项目传播出去。在他的例子中，这个场合就是开源软件社区。他从福勒的书中了解到，这个社区存在一种发现和传播好项目的机制。如果缺乏这种利于评论发生的条件，一头“紫牛”再怎么引人注目也不会为人所知。具体来说，假如鲍凯特以非开源商业软件的形式发布了“始祖鸟”程序（可能拿到一家设计精良的网站或是音乐会上出售），那么它可能就不像现在这样火爆。

同样，“引人注目”的这层意思也适用于鲍凯特的 Ruby 编程圈以外的领域。我们还以职业建议类书籍的写作为例。我很早便意识到博客是个引人注目的场合，可以用来介绍我的想法。博文都是可见的，而且网络上有现成的机制来快速传播好的想法，比如链接、转发，以及社交网络。由于有了利于评论发生的条件，所以当我向出版商推荐这本书时，不仅有一大群读者赞同我对激情和技能的看法，而且这本书的内容已经广为传播。世界上的一些报纸和大网站开始引用我的观点，而且我的文章也在网上被引用并被成千上万次地转发。假如我没有这样做，比如只在收费的演讲会上发表自己的观点，那么我“改变人们看待职业的方式”的使命就很可能毫无起色，因为所选的场合不够引人注目。

为了便于理解，我将这些想法总结成一条简洁的法则，我称之为“引人注目法则”：如果想在一个使命驱动型项目上获得成功，那么它应该在两个不同的方面是引人注目的。首先，它必须迫使接触过它的人向他人进行评论。其次，它必须在一个利于这种评论发生的场合启动。

SO GOOD THEY CAN'T IGNORE YOU 关键词

引人注目法则 (The law of remarkability)

如果想在一个使命驱动型项目上获得成功，那么它应该在两个不同的方面是引人注目的。首先，它必须迫使接触过它的人向他人进行评论。其次，它必须在一个利于这种评论发生的场合启动。

表述完这条法则之后，我渐渐发现，它的作用在前面提到的“使命带来有吸引力的职业”的案例中也得到了体现。对于这种以营销为核心来对待使命的方式，为了加强理解，让我们回顾一下那几个案例，注意这条法则在实际中是如何运用的。

吸引眼球的成功

萨贝蒂的主要使命是利用遗传学来与非洲的传染病做斗争。这项使命很不错，但它本身并不能保证萨贝蒂一定会过上一种充实的生活。事实上，很多研究人员也怀有同样的使命，并且在基础科学方面（比如病毒基因排序）做得很好，但他们的职业却不是特别吸引人。相比之下，萨贝蒂追求这项使命的方式是开展一个引人注目的项目：利用强大的计算机来寻找进化出抵抗古老疾病的能力的人类案例。如果你想知道她的方式有多引人注目，只需看一看众多有关萨贝蒂实验室的文章标题即可，比如“向追踪人类 DNA 足迹的女人提 5 个问题”（《发现》杂志，2010 年 4 月）、“拾起进化的节拍”（《科学》杂志，2008 年 4 月），以及“我们还在进化吗？”（BBC《地平线》节目，2011 年 3 月）。她的项目迫使人们进行评论，因此它是一头“紫牛”。

萨贝蒂找到了一个引人注目的项目，从而满足了引人注目法则的第一点要求；而第二点要求是要在一个利于评论发生的场合启动她的项目。对于萨贝蒂以及所有的科学家来说，这一点很容易做到。同行评议的刊物正是围绕“传播好思想”这一理念而建立的。想法越好，就能刊登在越好的期刊上。一篇文章发表在越好的期刊上，就能被越多人读到。读的人越多，文章就能越多地被引用、在会议上被讨论，对相关领域造成的影响也就越大。假如一位科学家有了某个引人注目的想法，那么他会毫不犹豫地选择最佳的传播方法：发表文章！正因如此，萨贝蒂在《自然》杂志上发表了那篇使其声名鹊起的文章。

在弗伦奇身上，我们也可以看到引人注目法则的实际运用。他的主要使命是普及现代考古学。他可以用很多不引人注目的方式来追求这项使命。例如，他可以努力使宾州州立大学的考古学课程更能吸引大学生，或者可以在满足大众趣味的科学杂志上发表相关文章。但是，这样的项目不会获得吸引人眼球的成功，也不会让他的职业变得有吸引力。相反，弗伦奇决定直接走进千家万户，利用考古学方法来帮助人们了解传家宝的重要性（不管多大）。他的方式的确引人注目，这一点突出反映在他收到的众多发言邀请上，其中包括他最近得到的一个机会：出席他所在领域规模最大的会议，并就科普工作中的经验教训发表演讲。当他做演讲时，观众席上挤满了人。对于一个刚获得博士学位的人来说，这是一个了不起的成就。

在这个例子中，弗伦奇找到了一个引人注目的项目来实现自己的使命，而现在他所需要的只是一个利于评论发生的场合。结果，他找到了电视这个场合。我们这个社会已经习惯于观看电视节目，然后在第二天对吸引我们注意的内容进行讨论。

阅读手记

精读引路人：孙路弘

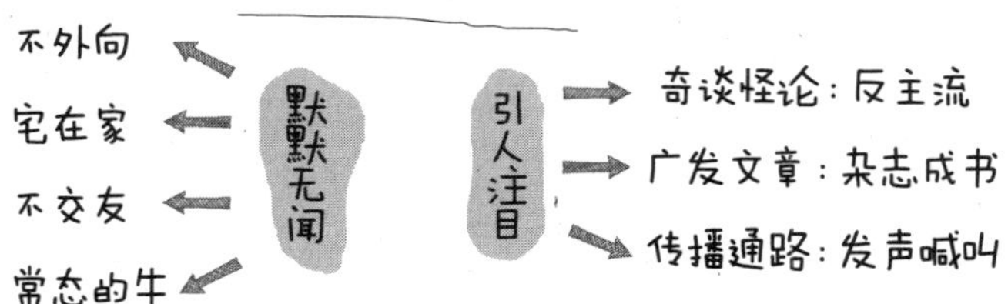

职场资本笔记

结语

正确地工作胜过正确的工作

本书开篇提到了托马斯的故事。他曾经相信通往幸福的关键在于追随自己的激情。出于对这份信仰的忠诚，他追随自己对禅宗修行的激情，来到了位于卡茨基尔山的一个偏远的寺院。在那里，他认真地进行禅宗学习，并专注于冥想和思索冗长的佛法讲座。

然而，托马斯并没有找到期待中的幸福。相反，他意识到：虽然所处的环境变了，但与来寺院前相比，他还是"完全没有两样"。之前，他不断地换工作，并且坚信自己还没有找到真正的"天职"；但到了寺院，那种想法仍然没有消散。回想引言中的托马斯，这种顿悟的分量之重足以使他伤心流泪。于是，他坐在寺院周围的橡树林里，伤心地哭了。

大约 10 年之后，我在一个咖啡馆里见到了托马斯，这里离我在麻省理工学院的办公室不远。那个时候，他正在德国工作，来波士顿是为了参加一场会议。托马斯又高又瘦，留着短发，戴着一副窄边方框眼镜（这似乎是欧洲知识工作者的硬性要求）。我们坐下来喝着咖啡，然后托马斯向我讲起了他在禅宗经历之后的生活。

据我所知，在离开寺院之后，托马斯重新做起了银行工作，而之前因前往卡茨基尔山去追随激情，他已经离开了两年。然而这一次，他对自己的职业生涯有了一种新认识。对理想工作不切实际的幻想曾经占据着他的头脑，而在寺院的经历则让他从这些幻想中解脱出来。现在，他能够专注于分配给他的工作以及如何顺利地完成这些工作，而不用像以前那样，因为不断地在当前工作和某种将来的、未被发现的神奇工作之间做比较而感到心力交瘁。

他的这种专注以及随之而来的工作成果得到了管理层的认可。工作 9 个月之后，他升职了。接着，他再次被提拔，然后又是一次。两年之内，他从一个低级别的数据录入员升到了一套计算机系统的负责人的职位，而这套系统管理着超过 60 亿美元的投资资产。我见到他时，他所负责的系统管理着 5 倍于原来金额的资产。他的工作很有挑战性，但他享受这样的挑战。另外，他的工作还让他感受到尊重、有影响力，以及自主。如果你还记得，我之前在规则二里论述过：这些稀缺而宝贵的特质正是打造理想工作所需要的。托马斯获得了这些特质，但他的获取方式不是将自己的工作与内心的激情相匹配，而是做好自己的工作从而生成资本，然后巧妙地将其兑现。

管理计算机系统可能不会让托马斯每天沉浸在昨日旧梦的幸福之中，他现在意识到，那根本无法实现。一份充实的职业生涯要远比他曾经的幻想更加美妙。在聊天时，托马斯赞同地说，他的一个明显转变是懂得了一个简单的道理，那就是：**“正确地工作”胜过“找到正确的工作”。要想找到职业幸福感，他需要的不是什么完美的工作，而是以一个更好的方式来**

对待现有的工作。

我觉得托马斯的故事很适合作为本书的结尾，因为它总结出了本书的核心内容："正确地工作"胜过"找到正确的工作"。这个思想很简单，但又是极具颠覆性的，因为几十年来流传的职业建议都是关注激情的神秘价值，而它一举将其推翻。它让我们不再幻想着突然有一天就找到了职业上的幸福感，而提供了一种更加清醒的方式来让我们获得满足。这就是为什么我把托马斯的故事留到了这里。我希望能有机会通过前面的 4 条规则与你们一起探讨"正确地工作"的微妙之处，并且提供了一个又一个案例来说明如何用这种方法来提高自己在工作上的乐趣。我希望在了解这些观念之后，大家对托马斯的故事结局不会再感到意外。

我热爱自己的工作，而且相信：只要我继续坚持在探求过程中发现的那些想法，这份热爱只会加深，不会减弱。托马斯对自己的工作有着同样的感觉，本书所记录的大多数人也是如此。

我希望能与你们一起分享这份自信。为此，让我们以本书探索出的那些规则为指导，**不要执迷于寻找自己真正的"天职"，而要去掌握稀缺而宝贵的技能。一旦你积累到了这些技能所产生的职场资本，就要明智地运用好它。你可以用它来获取在工作内容和工作方式上的自主力，以及用来找到并实践某项改变人生的使命。这种理念的诱惑力虽然不如"放下一切，归隐山林"这样的幻想，但它一次又一次地被证明是切实可行的。**

因此，如果下次你又开始怀疑自己是不是错过了什么梦寐以求的工作，而这份工作只要你鼓起勇气就能得到，那么不妨在脑海里想象这样两幅画面。首先，想象执迷于激情的托马斯伤心地坐在树林里哭泣。接着，换上另一幅画面：10 年后，一个微笑的、自信的、专注于价值的人与我一起喝着咖啡，一边聊着天。后一个版本的托马斯看着我，并无讥讽意味地感叹道："生活真好。"

我如何创建自己热爱的工作

在引言部分，我介绍了开展“我的探求”（也就是你们前面读过的内容）时的背景情况。那个时候，我的研究生和博士后的日子行将结束，而我即将进入学术就业市场。但是，想要顺利当上教授不是一件容易的事情。**假如你掌控不了自己的事业，那么它就会让你吃尽苦头。**更糟糕的是，在我找工作时，经济状况很不景气，所以我很可能根本找不到一个合适的教职。因此，我不得不重新开始思考自己的职业发展。职业上的不确定性使得下面这个问题突然需要一个迫切的答案：人们如何才能最终爱上自己的事业?

2010 年秋，我开始申请教职。到了 12 月初，我已经申请了 20 个职位。在这个过程中，有一点比较诡异，那就是：你的同事们以为你会因找工作而忙得不可开交，所以他们不给你安排任何工作。虽然这一过程确实很费力，但需要处理的事情都是一波一波集中出现的。这样的话，每处理完一波，你就有大段的空闲时间等待下一波，而空闲时又没有多少事情可做，于是你会发现自己闲得难受。因此，就在 11 月末到 12 月初这段时间，在提交完 20 份申请之后，我第一次在不是大学暑假的情况下变得无所事事。

既然手头有了空闲时间，我终于可以严肃认真地开展我的探求工作。也就是在这个时候，我开始寻找人们的职业故事，不管成功还是失败，为的是从中学习一些经验教训。比如，在 11 月，我第一次见到了托马斯，也就是开篇故事里提到的那个人。在那个秋季，我听到了一些人的经历，而这些经历让我对一直以来都觉得是正确的一个想法更加坚定了，那就是："追随自己的激情"是个糟糕的建议。然而，坚信这个想法却带来了一个更加艰巨的任务：搞清楚到底哪些职业幸福获取策略才是真正行得通的。

到了一二月份，我不得不暂停寻找这一问题的答案，因为我的求职进程已渐入佳境，而我开始要为求职演说做准备，还要筛选陆陆续续到来的面试邀请。在三月初，我开展了一趟"面试之旅"，其中就有在乔治城大学（Georgetown University）的停留。这所大学的方方面面给我的感觉都不错。不过幸好，我当时已经有了另一个工作机会，而且很快就要给对方答复。于是，我对乔治城大学里的联系人说，这次到访我过得很愉快，而且对职位也很感兴趣，但我这边有个职位的回复期限就要到了。后来在那天晚上，我收到了他们的遴选委员会负责人发来的一封关键邮件。邮件的内容很简短，只有三句话：

> 我们将于本周四向你提供工作邀请。我们只需要知道如何才能联系到你，以便在下午与你对此进行沟通。可以通过手机联系你吗？

我推掉了后面两个安排在春季的面试，接受了乔治城大学的工作邀请。我的职业已经定型了：我要成为一名教授了。到了三月的第二个星期，我正式退出了求职市场。不过，我的入职时间是在 8 月份。这样一来，我便有 4 个月时间来最终确定那几个迫切的职业问题的答案。也就是说，我现在有了工作，但还需要知道如何才能将其转变为我所热爱的工作。在那个春天以及之后的夏天，我动身出发，进行了一系列的采访，而这些采访构成了规则二到规则四的核心内容。

就在写这部分总结时，距离我做教授的第一个学期还有两周时间。在过去的几个月里，我一直在努力工作，不仅是为了完成本书提到的“我的探求”，而且还是为了将我的经历写成你们现在所看到的东西，因为在接受乔治城大学的工作邀请之后，仅过了两周我便签下了创作本书的协议。这份总结是本书写作的最后部分，而且在时间上我掌握得非常好。我很快就要交稿了，而且交稿几天后，我就可以集中精力以教授身份开始我的新生活。这样，我的职业生涯便可以掀开新的一页，而对于如何让这份职业变得引人注目，我也是信心满满。

毫无疑问，通过探求，我得到了几个令人吃惊的观点。我发现，如果你的目标是热爱自己的工作，那么“追随自己的激情”可能是个糟糕的建议。更重要的是，让自己在某些稀缺而宝贵的方面有所擅长，然后将由此产生的职场资本用于获取成就大事的那些特质。自主力和使命这两项特质便是很好的着手点。最后这一部分的目的，是为了说明我是如何将这些想法运用于自己的职业生涯的。也就是说，我希望你们能够深入了解我的思考过程。另外，我还想强调的是，如何在我的新职业早期具体地运用规则一至规则四中的观点。很显然，这些运用都是试探性的，因为我做教授的时间不够长，还看不到最后的结果。然而，我认为，正是这些运用的试探性使得它们更有意义。作为在现实世界中的模版，它们提供了一些可以立即采用的实实在在的做法，让你可以着手将本书中的经验教训运用于自己的职业生涯之中。也许在具体决策上，我们会有所差异，但我希望：在读完结论部分之后，你可以更好地理解如何才能按照“打造自己热爱的工作”这方面的新思路来重新打造一份与之相匹配的职业。

我对规则一的运用：别光用嘴说

规则一的观点是：“追随自己的激情”是个糟糕的建议，因为在大多数人身上并没有什么事先存在的激情等待被发现、被与某个职业相匹配。事实上，找到理想工作的过程往往非常复杂。这个观点，我并不是在探求过程中才第一次碰到，而是长久以来一直觉得它是正确的。虽然规则一的章节描述的是我最近为证明这份直觉而做的努力，但它的思想萌芽在很早以前便已种下。

我对激情的反感始于高中时代。当时，我和我的朋友迈克尔·西蒙斯（Michael Simmons）开办了一家网站设计公司，叫“普林斯顿网站解决方案”（Princeton Web Solutions）。我们开公司的缘由很平淡无奇。那时是 20 世纪 90 年代晚期，也就是第一波互联网热潮兴起的时候，而且媒体很热衷于报道腰缠万贯的年轻 CEO 们。因此，我和迈克尔觉得开公司听起来挺有意思的，至少这种赚钱方式比打正常的暑期工要好。于是，我们试图想出一个有创意的新点子来开办一家高科技公司（一家新的亚马逊公司之类的），但被难住了。最后，我们不得不选择了之前发誓绝不会去做的一个想法：设计网站。明确地说，我们根本没有追随自己内心真正的想法。我们不过是两个无聊、没事可做而且雄心勃勃（这种组合很麻烦）的人，而开公司听起来是我们能想象的最有前途的事情。

"普林斯顿网站解决方案"没能取得迅猛的成功。不过，这多少也符合我们的设想，因为我们其实并不想投入那么多时间来认真把这家公司发展壮大。我们在高三一年里服务了六七个客户，其中包括一家当地的建筑公司、一家当地的技术学院，以及一家筹划不周而资金却出奇充足的门户网站（针对老年人）。这些合同大部分能带来 5 000~10 000 美元的收入，而这笔钱足够我们把活儿外包给一伙印度的承包商，由他们来完成大部分的编程工作。后来，我和迈克尔都去了外地上大学——他去了纽约大学（New York University），而我去了达特茅斯学院。这个时候，我认为网站设计的工作可以告一段落了，于是转而追求其他更要紧的兴趣，比如女孩子。

对于我这一代的很多人来说，如果在职业上不认同"追随自己的激情"这条建议，反倒是另类的。但是，我从来不像别人那样觉得激情有什么吸引人的，而这要归功于我在普林斯顿网站解决方案上的经历。前面提到，开办这家公司根本不是出于对某种激情的追随。然而，一旦我和迈克尔搞明白如何让公司运转下去，我们的技能就变得稀缺而宝贵，特别是对于我们这个年龄段的人来说。然后，我们的职场资本便可以兑现为各种激动人心的不同体验。我们有机会西装革履地去向一群董事推销我们的想法。我们赚的钱足够多，根本不用担心买不起年轻人想买的东西。老师们对我们的公司印象深刻，并且允许我们偷偷地逃课去参加各种会议。杂志上有关于我们的文章，报社摄影师也跑来给我们拍照。当然了，所有的这些经历也是我们得以进入精英学校的一个很重要的因素。

这件事告诉我，**让生活变得有趣的那些特质与寻不寻找内心深处的自我没有太大关系。**换句话说，普林斯顿网站解决方案给我打了一剂"预防针"，从而对"职业幸福感需要追随内心的呼唤"这种想法产生了排斥。

正因为有了前期的这些经历，所以当来到大学后，看着周围的同学开始愁眉苦脸地思考应当如何度过他们的人生，我在一旁感到十分不解。对他们来说，一些最基本的问题（比如选什么专业）也变得比天还重要，而我却觉得很荒谬。对我来说，**这个世界充满了像普林斯顿网站解决方案那样的机遇，它们在等着我们去挖掘、去利用，从而让生活变得更有意思，但这些机遇与找到什么命中注定的安排毫无关系。**

在这种思想的驱动下，我开始寻找机会来掌握回报巨大的稀缺技能，而我的同学们还在思考他们的真正"天职"。我开始磨炼自己的学习技能，尽可能地提高学习效率。我花了一学期来进行系统的试验，而取得的成果就是连续三年我的平均绩点都是 4.0，并且在此期间从来没有熬过夜，甚至吃完晚餐之后都很少学习。然后，我出了一本学习建议方面的指导书来兑现了这项资本。这些经历让我的学生生涯十分精彩（我想我是达特茅斯校园里唯一一位经常接到经纪人电话的学生），但它们都不是追求某种事先存在的激情的结果。事实上，我写第一本书的动机不过是受了一位我非常仰慕的企业家无意间的怂恿。这位企业家是我在一天晚上出去喝酒时遇到的。当时，我随口提到了那本书的灵感。"别光用嘴说。"

他对我斥道，**“要是觉得想法不错，就去做。”**这个理由对我来说已经够好的了。

后来，到了该决定大学毕业之后做什么的时候了，此时我手头上有两份工作邀请：一份来自微软，另一份来自麻省理工学院。对我的同学们来说，这样艰难的选择也许会让他们手足无措。然而，我看不出来这有什么可以担心的。我相信不管选择哪一家，都会带来数不清的机会，而这些机会都有可能被用来创建一份了不起的人生。最后，我选择了麻省理工学院，主要是为了能离我的女朋友近一些，当然还有其他一些原因。

写了这么一大段，我想表达的意思是：在开始探求之前，我便懂得了规则一所蕴含的核心观点。事实上，早在高中时期，我在内心里便已经接受了这样的观点。因此，**到了 2011 年秋季，当我身处那段充满了不确定性的时期，不知道自己会成为一名教授还是去做完全不同的工作时，正是规则一中的思想使我从不必要的烦躁中解脱出来，不再纠结哪一条发展道路才是我真正的“天职”所在。我坚信，只要正确对待，不管选择哪条道路，我都会拥有一份我所热爱的事业。**然而，我没那么确信的是如何才能实现这个目标。正是为了寻找后面这个问题的答案，我才得出了规则二到规则四中所阐述的观点。

我对规则二的运用：刻意练习

规则一的观点是：“追随自己的激情”是个糟糕的建议。它促使我去探求哪些方面对打造自己热爱的工作才是真正重要的。规则二阐述了我在进行探求时获得的第一个观点，即：成就大事的那些特质稀缺而宝贵；想要在自己的职业生涯中拥有这些特质，你需要提供同样稀缺而宝贵的技能作为交换。换句话说，假如你没有像史蒂夫·马丁说的那样努力让自己“优秀到不能被忽视”，最后就不大可能热爱自己的工作，不管你是不是相信它就是你的真正“天职”。

我引入了“职场资本”这一术语来描述这些稀缺而宝贵的技能，还注意到，如何获取这种资本是个棘手的问题。从定义来看，它如果是稀缺而宝贵的，那么就不容易获得。带着这样的想法，我开始投入绩效研究领域，并且了解了“刻意练习”的概念。刻意练习是一种通过坚定不移地将自身能力拓展到舒适范围之外从而磨炼技能的方法。我发现，乐手、运动员、国际象棋手以及很多其他职业人士都懂得进行刻意练习，但知识工作者却对此所知甚少。大多数知识工作者像逃瘟疫似的逃避刻意练习所带来的不适感。有种情况突出反映了这一点，那就是坐办公室的人一般都会有强迫症似的查收邮件的习惯。如果说这种行为不是为了逃避更费脑力的工作，那么它又是为了什么呢?

有了这些想法，我开始愈发担心起自己目前在学术事业上的状况。我怕自己获取职场资本的速度会逐渐下降。想要理解我的这种担心，你应当了解的一点是：在整个研究生（通常接着会有几年的博士后研究）阶段，能力的增长是不均衡的。在早期阶段，你被迫不断地经受脑力上的挑战所带来的不适感。你会发现，一道研究生水平的数学难题纯粹就是一种刻意练习（我在这方面的经历实在太多了）。你根本不知道如何去解手上的问题，但你必须得把它解开，否则成绩就很难看。于是，你一头扎了进去，尽可能试着去解，并且一次次地失败，就好像条条大路通向的都是死胡同。由于害怕作业得零分，你用尽所有脑细胞想要解开那道题，因而产生了精神上的紧张感。根据有关刻意练习的研究成果，这种紧张感是获取进步所必需的。正因如此，研究生们在其学习阶段早期会在能力上得到很大的提升。①

但是，在一个研究型项目里（比如麻省理工学院计算机科学系所提供的项目），你的课程作业会在前两年里结束。之后，你的研究工作应该脱离导师的工作轨迹，转而根据自己制定的方向来开展。此时，假如你对继续提升自己不太上心，那么你的进步可能就会越来越小，直到达到绩效科学家埃里克森所说的“可以接受的水平”，然后便被卡在那里。在规则二里所做的研究让我明白了一点，那就是，这样的**“绩效平台”是危险的，因为它会让你无法继续获取职场资本，从而削弱持续、自主地塑造职业生涯的能力**。因此，随着我的探求的继续，我越来越明白自己需要在职业生涯中引入某些实用的策略，从而强迫自己在日常生活中重新养成刻意练习的习惯。

据说，诺贝尔奖获得者、理论物理学家理查德·费曼（Richard Feynman）在高中时接受过智商测试，结果才得了 125 分，只比平均水平稍微高一点点。不过，在他的自传中，我们可以发现一些线索，从而了解他是如何从一位智商平平的人变成一位天才的。他谈到自己有个强迫性的习惯，那就是将重要的论文和数学概念进行不断拆解，直到自己可以自下而上地理解其中的概念。换句话说，他的惊人才智很有可能不是一种天赋，而是致力于刻意练习的结果。在自己的研究以及像费曼这种案例的激励下，我决心专注于自下而上地理解我所在领域里难度最大

---

① 这些习题对数学学习很有必要，也相当有难度，因此我对不断壮大的自我教育运动持保留意见。假如没人给你的解题结果打分（这个分数也许会对你将来的选择产生重大影响），那么很难想象你会为了自己找到答案而反复强迫自己熬过几十小时。

的成果，而且坚信这样做应该会使我的职场资本积累重新活跃起来。

我选择了一篇论文作为开始。这篇论文在我的研究领域被很多人引用，但同时也被认为是晦涩难懂的。它所关注的只有一个结果，那就是对一种算法进行分析，而这种算法为一个著名的问题提供了最好的解决方法。很多人都引用过这篇论文，但很少有人理解它的论证细节。因此，我决定消化这篇以难度著称的论文，并且相信这样我便可以顺利建立起一套新规则来实施自我强制性的刻意练习。

我得到的第一个教训就是：这种培养技能的过程非常艰难。在钻研论文的主要论据时，我遇到了第一道跨不过去的坎。结果，我的心里立即产生了抗拒。这就好像是我的大脑意识到了我要让它耗费什么样的精力，于是发出一股神经信号以示抗议。这股信号先是隐约可以察觉，但随着我坚持得越久，它的强度也越来越大，并且不断对我的注意力造成冲击。

为了对抗这种阻力，我运用了两种结构。第一种是时间结构。“我要在这上花一小时，”我对自己说，“不管我会晕在这上面，还是一无所获，都无所谓。在下一个小时里，这就是我的整个世界。”当然了，我不会晕倒，而且最后也会有所收获。平均下来，这样的阻力会花上 10 分钟才会消失，而这 10 分钟往往过得很艰难。不过，只要想到努力是有时间限制的，便觉得这样的艰难程度还是可以对付的。

我运用的第二种结构是信息结构，即以有用的形式来体现自己通过艰苦努力所取得的成果。首先，我构建了一张论证图，上面展示了该论文各个不同的论证过程之间的从属关系。这件事做起来虽说很难，但还不是太难，而且这样做，我可以得到“热身”，为理解其结果做好前期的准备工作。接着，我又做了一些简短的自我测验，这样可以强迫自己对论证所用到的关键定义进行记忆。这项工作相对简单，但仍然需要集中精力。结果，我获得了一些理解，这些理解对解析后面复杂的数学计算至关重要。

做完这两步之后，通过艰难的专注工作，我初步获得了一些成功。这些成功让我有胆量继续进行下一项重要的任务：对论证过程进行总结。这个时候，我要强迫自己研究每一条辅助定理，并且推演论证过程的每一步，即补上中间漏掉的步骤。最后，我会用自己的话来写一个详细的总结。虽然这项任务极其耗费精力，但由于之前在相对简单的任务上花费了一些时间，所以在惯性的驱使下，我可以继续进行下去。

每过两个星期，我都会回头来研究这篇论文。当所有任务完成之后，我总共经历了差不多 15 小时的刻意练习式的紧张感，但由于强度实在太大，所以感觉起来像是不止这些时间。幸运的是，我所付出的努力立即获得了成效。先不说其他的。以前，这份论文所涉及的领域对我来就是一个谜；而现在，我理解了它的全貌。以前，对于论文所针对的那类问题，除了写出这篇论文的几个研究者，几乎没人可以解决；而现在，我也可以解决了。接着，我运用自己的新理解，又证明出了一个新的结论，并且还在行业内的一场顶级会议上公布了这一结果。它现在成了我的一个新的研究方向，而且我可以按照自己的方式进行探索。另外，还有一点更能说明这一策略的价值，那就是，我最后发现了那篇论文中的两个错误。结果，当我向论文作者指出错误时，我发现自己是注意到文中错误的仅有的两个人之一，而且他们还没有对其进行更正。要知道，根据谷歌学术搜索的数据，这篇论文已经被引用了接近 60 次。可想而知，他们的疏忽有多么大的影响。

然而，比这些小成就更重要的是，这样的试验让我明白了一个新道理：**感觉紧张是件好事。我不再将这种不适感视为某种需要逃避的感觉，而是开始像健美运动员对待肌肉灼烧那样明白了它的作用：说明你所做的是对的。**抱着这样的想法，我决心要更大规模地进行这种论文解构工作，并且培养了三个小习惯，为的是在日常工作中进行更多的刻意练习。这三个习惯如下：

|“研究圣经”|

在我的探求期间，我开始了一项称为“研究圣经”的例行工作。它其实是我存在电脑里的一份文件。这项工作的具体做法如下：我要求自己每周在我的“圣经”中写一篇论文的总结，而且这篇论文是我认为可能与自己的研究有关的。这篇总结必须包括对论文结果的描述、与前人工作的比较，以及取得这一结果所运用的策略。与一步一步试验性地解构那篇论文（正因为经历了这个过程，我才能够做到每周完成一篇总结）相比，这些总结没那么复杂，但还是会引起刻意练习式的紧张感。

|时数记录表|

刻意练习方面的另一个例行工作是我的时数记录表。它是一张纸，就贴在我在麻省理工学院的办公桌的后面，而且我打算把它带到乔治城大学。这张纸上有很多行，每行都是一个月，上面记着当月我处于刻意练习状态的总时数。从 2011 年 3 月 15 日起，我开始进行记录。在那个月的最后两个星期里，我一共经历了 12 个小时的紧张状态。4 月是记录上的第一个完整的月份，一共有 42 个小时。5 月，我的时数下滑到了 26.5 个小时；而 6 月的时数则掉到了 23 个小时。说句公道话，后面这两个月正是我在麻省理工学院和乔治城大学之间来回奔波的那段时间。

每一天，这些时数都在我眼前晃悠，直勾勾地“盯”着我，使我不得不去找新的办法来在日程中安排更多的刻意练习。如果没有这项工作，那么我花在拓展自己能力范围上的时间无疑要少很多。

|理论笔记本|

我的第三个方法是去麻省理工学院的书店买了一个店中最贵的笔记本。这是一个实验用笔记本，具有档案级的高质量，价值45美元。它采用了制作精良的硬壳封面，并装有双股的线圈，因此打开时非常平整。纸页无酸性，很厚，而且画好了格线。只有在对理论成果进行头脑风暴时，我才会用到这个笔记本。每次头脑风暴结束，我都要求自己将这些成果正式记录在标好日期的一页上。笔记本的高成本表明了我所要写下的内容的重要性；这反过来迫使我进入精神紧张的状态，从而总结、整理自己的思路。这样做的结果便是带来了更多的刻意练习。

规则二中的认识从根本上改变了我对待工作的方式。要说我以前的工作观，可以用“以效率为中心”这个短语来形容。“完成工作”是我优先考虑的事情。然而，**如果以这种效率思维来考虑问题，那么你往往就会回避刻意练习导向的工作，因为此类工作的完成方式不明确，而且还需要忍受精神紧张而带来的不适感**。因此，在做工作安排时，它是一个不受欢迎的选项。与其费劲脑汁地试图理解一篇论文的论证过程，不如重新设计一下我的研究生主页来得简单。其结果便是：随着时间的流逝，我在研究生生涯早期的紧张岁月里所积累的职场资本在逐渐减少。但是，规则二的研究让我变得更加“以技能为中心”，从而改变了事态的发展。“让自己越来越优秀”成了最重要的事情，而想要变得优秀，就需要经受刻意练习所带来的精神紧张。这种对待工作的方式与以前大为不同。但是，一旦接受了这种方式，你的职业轨迹就会发生深刻的变化。

我对规则三的运用：避开自主力陷阱

2011 年早春，我的学术求职遇到了一个有趣的转折。当时，我从乔治城大学那里得到一个口头上的工作邀请，但还没有落实到书面上。后来，我的博士后导师对我说："只要不是白纸黑字的，就不算数。"就在等待正式工作邀请时，我收到了一所著名的州立大学发来的面试邀请，而且这所大学有一个资金充沛的研究项目。我遇到了一个职业选择上的难题。不过在同时进行的"我的探求"的帮助下，这一难题被大大简化了。特别是在自主力的重要作用方面（规则三中有详细阐述），我的调查给我提供了很好的指导。

规则三的观点是：在工作内容和工作方式上的自主力对构建优秀的职业生涯具有强大的影响，因而被称为理想工作的"万灵药"。在对那种会让人赞叹道"这就是我想要的工作"的职业进行研究时，我们发现自主力在其中起到了核心作用。一旦你理解了自主力的重要作用，那么评估机遇的方法就会发生改变。你会将某个职位所蕴含的自主可能性视为与薪酬或声誉同等重要的东西。我在求职时所采用的正是这种思维方式。在它的帮助下，我重新考虑了自己所要做出的选择：接受乔治城大学的工作邀请，或者暂不接受而去那所名称保密的州立大学面试。

当开始以自主力的大小来衡量自己的选择时，我注意到有两点非常重要。第一点，作为更大规模的全校科研投入的一部分，乔治城大学刚刚设立计算机科学博士项目。在整个求职期间，我在麻省理工学院的博士生导师一直都给我讲她自己职业生涯早期的经历。当时，她工作于佐治亚理工学院（Georgia Tech）的计算机科学系，而这个部门刚刚经历了向一个研究型项目的转变。"在一个正在成长的项目里，你总会得到发言权。”她对我说。

相比之下，在一个业已完善的学术机构里，作为一名新来的助理教授，你在其等级体系内的位置是明确的：最底层。在这样的大学里，你往往要工作很多年，直到成为一名正教授，然后才能对项目的发展方向有所影响。在那之前，你只能跟着上面转。

我注意到的第二点是：乔治城大学终身聘用的评定程序不同于业已完善的常规院校。在一家大型的研究机构里，终身聘用的评定是这样的：管理高层发信给你所在学科大类的其他人员，询问他们你是不是你所在专业领域的顶尖人才。如果不是，他们就会解雇你，然后再去聘任一位符合条件的人。某些机构做得更甚，基本上就是告诉他们新聘用的人员别指望能得到终身职位。学术就业市场的竞争太激烈了，而且可用的人才要远远多于空缺的职位，所以他们这样做也没关系。

假如你的研究方向是前人没有做过的（就像我的方向），而且他们也找不到专家来询问相关意见，那么你就很难保住自己的位置，因为你的专业水平无法得到证实。正因如此，这套体系鼓励初级教员“随大流”，也就是说：想要获得终身聘用，最保险的做法是选择一个已经有很多人感兴趣的重大课题，然后在工作上超过同行。想要创新，你还是等到以后再说吧。这一事实在卡内基梅隆大学已故的计算机科学教授兰迪·波许（Randy Pausch）著名的演讲《最后一课》（*Last Lecture*）中得到了很好的体现。当时，他风趣地说：“新教员们常常跑来问我，‘哇，你这么早就获得终身聘用了。有什么秘诀没有？’我说，‘很简单，任意挑个周五晚上 10 点打电话到我办公室，我就告诉你。’”

这种获得终身聘用的方式是以赤裸裸的相互比较为基础的。相反，乔治城大学则清楚地表明对此并不感兴趣。在当前的发展阶段，计算机科学部门更专注于培养自己的明星研究者，而不是从别处挖人。换句话说，我如果在优秀的期刊上发表了出色的成果，那么就可以留下来。我不用顶着压力去选择一个保险的已有领域，然后试着成为该领域的权威。因此，在如何开展自己的研究项目方面，我可以有很大的灵活性。

从自主力的角度来看，我希望在自己的事业上拥有自主力，因此乔治城大学显然比那所业已完善的州立大学更具吸引力。不过，在做出最终的决定之前，我抽出时间仔细考虑了一下规则三中的其他观点。假如不考虑这些观点，那么规则三对自主的赞同便无异于头脑发热。在探求过程中，我发现了两个陷阱，而且人们在寻求自主力时往往会被它们“绊倒”。第一个陷阱是拥有的职场资本太少。假如没有某种稀缺而宝贵的技能作为交换，但却寻求在职业生涯中拥有更多自主力，那么你所寻求的可能只是一场空。

举例来说，很多生活方式设计的拥趸便掉进了这一陷阱。他们放弃了自己的常规工作，企图通过被动收入型网站赚钱。这群叛逆者很快便发现：计划中的赚钱部分进展得并不顺利，因为他们拿不出什么有价值的东西来换钱。这个陷阱似乎跟我的求职经历并不相关，因为学术求职的过程通常要求求职者首先要有大量的职场资本（表现为同行评议的出版物以及强有力的推荐信），然后才有获得工作邀请的可能。不过，有些部门会以自主型学术生活来吸引第二梯队的求职者（也就是没有很多职场资本的人），然后等他们来到学校后便强加给他们大量的教学任务和服务责任。换句话说，即使是在校园这样的“象牙塔”里，人们仍须提防陷入自主力幻想之中。

第二个陷阱描述的是当你的确拥有足够的资本来获取更多的自主力时所发生的情况。正是到了这个时候，你才最有可能遇到来自周围其他人的阻力，因为更多的自主力往往只对你有利。我是幸运的，因为我在麻省理工学院的导师们鼓励我去追求一个快速发展的项目（比如乔治城大学的项目）所提供的灵活性。但是，在我的职业圈以外，一定会有人对这样的决定更加抗拒。对他们来说，想要收获梦寐以求的终身聘用以及研究上的知名度，最保险的途径是在一所业已完善的大学里沿着别人走过的路去发展。“对工作拥有更多的自主力”这样的个人利益不在他们的职业目标之列，所以任何不保险的决策都会被视为危险。

在研究规则三的过程中，我意外发现了一个有用的工具，可以用来规避这两个陷阱。我称之为“财务可行性法则”，并将其描述如下：“在决定是不是应该追求某项有吸引力的活动，从而给自己的职业生涯增加自主力时，你应该问问自己别人是不是愿意为之埋单。如果愿意，那就继续追求；如果不愿意，那就维持现状。”

最后，正是在这个法则的帮助下，我做出了自己的职业选择。在对工作内容和工作方式的自主力方面，乔治城大学所提供的发展潜力要大得多。这是显而易见的。此外，他们还愿意为我谋求自主的举动提供优厚的待遇，不仅是资金上的，而且还包括对我研究计划的支持。因此，根据财务可行性法则，如果去乔治城大学，我确信自己可以避开两个自主力陷阱：一方面，我有足够的职场资本来换取工作上的潜在灵活性；另一方面，我可以自信地无视那些试图让你循规蹈矩的劝阻声音。于是，我推掉了那家州立大学的面试邀请，坚持留在了乔治城大学。

我对规则四的运用：找到真正的使命

根据规则四的解释，职业使命是在你的职业生涯中起到统领作用的某个目标。它让人们因自己的工作而出名，而且随着名气而来的还有很多非凡的机遇。此外，拥有使命还是一个很久以前就让我着迷的想法。

学术界是很适合讨论使命的领域。你会看到一些教授从事着格外有吸引力的事业。假如你问他们所做的与同行们有何不同，那么答案不外乎为他们的工作是围绕某项引人注目的使命而展开的。我们以麻省理工学院的物理学教授、作家阿兰·莱特曼（Alan Lightman）为例。起初，莱特曼只是一个传统意义上的物理学家，但是他一直兼职写作。不管是小说还是非小说，他的作品都抓住了科学的人性化一面。他写了很多部作品，而其中最著名的恐怕要数他的畅销书、获奖小说《爱因斯坦的梦》（*Einstein's Dreams*），而且他的文章基本出现在每一本重要的美国文学出版物上。

莱特曼的事业建立在其"挖掘科学的人性化一面"这一使命之上，从而让他达到了令人神往的境界。他并没有为寻求麻省理工学院物理系的终身聘用而饱受折磨，而是成为学院历史上第一位被理学和人文学科双双聘用的教授。他帮助麻省理工学院发展了通信建设，接着又成立了学院的研究生科学写作项目。在我见到莱特曼时，他的职位已经转成了兼职教授，这样他就有了更多自由来安排自己的工作；而且他已经为自己打造了一个没有精神负担的生活，能这样生活非常了不起。现在，他专门针对那些他认为重要的问题，教授自己设计的写作课程。他已经解放了自己，不需要一直寻找经费或者发表文章。夏天时，他可以和自己的家人在缅因州（Maine）的一个岛上一起避暑，那里没有电话，没有电视，也没有网络。想必他会一边思考一些重大的问题，一边晒着太阳，周围是秀丽的景色。最令我印象深刻的是，在麻省理工学院的官网上，莱特曼的联系方式页面上写着这样一条免责声明：“我不用电子邮箱。”假如一名学者没有莱特曼的名气，那么如此追求简单生活的举动一定会让他付出代价。

很多教授都运用使命创造出了一份不寻常而有吸引力的职业，莱特曼只是其中一位。在为本书进行研究时，我最后追踪并采访到了这群人中的一部分，比如萨贝蒂和弗伦奇，因此你会在规则四中看到他们的详细经历；而其他人则没有收录在本书中，比如莱特曼、年仅 31 岁便因将数学和文化研究相结合而出名的埃雷兹·利伯曼（Erez Lieberman）、因脱贫项目的评估工作而获得麦克阿瑟奖（MacArthur Fellows Program）的“天才”埃丝特·迪弗洛（Esther Duflo）等。但他们仍然对我在“如何塑造自己的职业”这一问题上的思考产生了重大影响。

然而，直到我开始认真开展规则四的研究，并且遇到了萨贝蒂、弗伦奇及鲍凯特这些使命方面的行家，我才理解到在自己的职业生涯中将使命变为现实是多么困难。你越想强迫它实现，就越不可能成功。**想要找到真正的使命，你需要完成两件事情。首先，你要有职场资本，而职场资本的积累则需要耐心。其次，你需要不断关注自己所在领域的相邻可能区间（而这个区间始终都在变化），从而找到下一项伟大的创意**。这样一来，你必须致力于头脑风暴式的思考，还要致力于更多地接触新思想。这两个“致力于”结合在一起就成为了一种生活方式，而不是一系列完成了就可以自动生成使命的步骤。带着这样的想法，在 2011 年夏天，我试着去改变自己对待工作的方式，以期找到一项能够有成效的使命。

努力的结果便是养成了一系列的日常习惯，而且被我整合进了一套培育使命的体系之中。对这套体系最好的理解是把它看成一个三层的金字塔。每一层的含义如下：

|顶层：探索性研究使命|

位于金字塔顶层的是一项探索性的研究使命，而这套体系以它为指导，即把它作为一个大致的指导原则来决定自己对什么样的工作感兴趣。目前，我的使命描述为："将分布式算法理论运用到某些新颖有趣的地方，从而产生新颖有趣的结果。"为了确定这条使命的内容，我首先必须获取自己领域的职场资本。在分布式算法方面，我已经发表并且阅读了足够多的研究成果，从而知道将其应用于新条件下的潜力巨大。当然，真正的挑战在于找到有吸引力的项目来充分挖掘这种潜力。金字塔的其他两层正是为了实现这一目的而设计的。

|底层：背景研究|

现在，我们从金字塔的顶层转到它的底层，来看看我对背景研究的专注。在这方面，我定了一条规矩：每周都要接触领域内的新事物，如读论文、参加研讨、出席会议等。为了真正地理解新思想，我要求我用自己的话来写一个总结，并把总结放进不断充实的"研究圣经"之中。我还试着每天散一次步，为的是对背景研究过程中产生的各种想法进行自由思考。我步行上班，而且还有一条狗可以遛，所以在日程安排上有很多选择。至于要接触什么样的新事物，则是以位于金字塔顶层的使命描述为指导的。

这种背景研究的过程结合了对潜在相关事物的接触以及对各种想法的自由重组，而它的来源则直接出自史蒂文·约翰逊的《伟大创意的诞生》一书。我在规则四里讨论他的“相邻可能”的概念时介绍过这本书。根据约翰逊的观点，对新思想以及对便于思想混合、匹配的“液态网络”（liquid network）的接触，往往会催化出具有突破性的新思想。

|中间层：试探性项目|

现在来看金字塔的中间层。由于这一层的存在，我才在研究上取得了大部分的成果。规则四中阐述过，想要实现使命从探索性的概念到有吸引力的成就的跨越，一个有效的策略便是利用称为“小赌”的小项目。我们知道，在探索使命的情况下，一个“小赌”项目具有下列一些特征：

- 它的规模要足够小，能够在一个月以内完成。
- 它迫使你去创造新价值，即掌握某项新技能并且产生前所未有的新结果。
- 它可以产生实实在在的结果，从而收到实实在在的反馈。

在金字塔底层所描述的过程中会产生一些想法，而我通过“小赌”来对其中最有前景的想法进行探索。我一次只进行两三个“小赌”，这样可以集中投入精力。我还采用了期限管理，并在计划中用黄色标明，以示完成项目的紧迫性。此外，我还通过时数记录表来追踪花在“小赌”上的时间。最后，我发现假如没有这些可以计量的工具，我就容易拖延，把注意力都放在那些更紧迫但不那么重要的事情上去。

在一项“小赌”完成后，我会用它带来的实际反馈来指导我的下一步研究工作。这种反馈可以让我知道某一项目是不是应当放弃，如果不放弃，那么下一步朝哪个方向进行探索才是最有希望的。另外，为完成“小赌”所付出的努力还会带来额外的好处，即增加了刻意练习（这是使我在工作上越来越优秀的另一个策略）的次数。

最终，无论成功还是失败，此中间层所包含的项目都能帮助我逐步发展顶层所描述的研究使命。换句话说，整套体系形成了一个反馈闭环，从而不断演变为一个更加清晰、更有根据的工作设想。

附录

SO GOOD THEY CAN'T IGNORE YOU

他们如何做到

本部分将按照在书中的出场顺序，对主要人物的职场经历做一个快速的汇总。

规则二中介绍

乔·达菲

当前工作：

达菲刚刚退休。退休前，他经营着属于自己的品牌推广和设计工作室“达菲及合伙人”，共有 15 名员工。

热爱工作的原因：

他可以自己挑选想要开展的国际项目，并且在工作上极受尊重（且收获颇丰）。在没有工作安排时，他会在“达菲雪道”度过大部分时间。那片 40 万平方米的休养地位于威斯康星州托塔嘉提克河两岸，产权为他所有。

对本书规则的运用之道及职场经历：

与很多同龄人一样，在刚进入广告行业时，达菲对在大公司工作所受的种种限制感到恼火。他原先曾打算从事艺术工作，并且一直想辞掉现在的工作、重拾“旧梦”。然而，达菲运用了职场资本理论。他意识到：成就大事的特质稀缺而宝贵，因此它们需要同样稀缺而宝贵的技能作为交换。他在自己的行业内发现了一种特殊的技能：设计徽标来进行品牌传播。于是，他埋下头，学习并掌握了这项技能。接着，他被一家更大的广告公司挖走，这家公司给了他更高的薪水以及更多的自由。随着他的职场资本越来越多，他们甚至允许他在该公司架构下经营一个独立的广告公司，这就赋予了达菲更多的自主力。最终，他离开了公司，按照自己的想法来经营自己的工作室，并且用专业技能换来的资金购买了“达菲雪道”。鉴于在没退休时他就能够控制自己的工作时间和工作内容，我们可以说，他很好地掌控了自己的工作和休息时间。

规则二中介绍

亚历克斯·伯杰

当前工作：

伯杰现在是一名成功的电视编剧。

热爱工作的原因：

假如你优秀到可以开始寻找相对稳定的工作，那么电视编剧是个很好的选择。你可以得到很高的薪水，负责非常有创意的项目，并且拥有数百万的观众。另外，每年还有数月的休假。

对本书规则的运用之道及职场经历：

伯杰是常春藤盟校的毕业生。刚到好莱坞时，他认为自己可以闯进娱乐圈，并为此开展、仔细运作了很多娱乐项目。结果，没人在乎他的宏伟想法。很快，伯杰便将注意力缩小到一个更加具体的范围内：电视编剧。他意识到在这个领域，最重要的职场资本只有一种，那就是写出好剧本的能力。他运用在大学辩论时磨练出来的练习技巧，开始系统地改善自己的剧本创作能力，有时甚至一下子进行四五个创作项目。与此同时，他还不断地寻求不留情面的反馈。他的策略发挥了作用。他的剧本写作能力进步飞快，终于给他赢来了首部制作播出的剧集；这部剧又给他赢来了第一份专职编剧的工作，而凭借这份工作他又和迈克尔·艾斯纳共同创作了一部电视剧。他的经历是职场资本理论在实际中运用的经典案例。为了得到一份自己热爱的工作，伯杰首先需要让自己优秀到没人可以忽视。

规则二中介绍

迈克·杰克逊

当前工作：

杰克逊是韦斯特里集团的一名总监。该集团是一家清洁技术风险投资公司，位于硅谷著名的沙丘路。

热爱工作的原因：

清洁能源风险投资是一个热门领域。它可以造福世界，同时杰克逊也承认，在这个领域“你能赚到很多钱”。

对本书规则的运用之道及职场经历：

杰克逊一开始并不是清楚地知道自己想做什么。不过，他懂得一些职场资本理论的基本知识：你提供的技能越稀缺、越宝贵，那么得到的机会也就越好。带着这样的想法，杰克逊确定了早期的职业发展策略，目标是出色地完成一个又一个有价值的工作；他还相信这样做会生成大量的职场资本，而这些资本会让他找到值得去做的事情。一开始，他选择了一个很大的硕士论文题目，并最终成为一名国际碳市场方面的专家。接着，他利用这种专业技能开办了一家清洁能源公司，出售碳补偿协议给美国公司。由于他既有清洁能源市场的专业知识，又有创业经历，因此非常符合韦斯特里集团的需要，于是他在这家清洁能源风险投资公司一直工作到现在。在整个过程中，杰克逊一直关注于如何让自己变得更优秀，而不是搞清自己的真正“天职”。结果，他得到了一份令人羡慕的工作。

规则三中介绍

瑞恩·福瓦朗

当前工作：

瑞恩与他的妻子萨拉一起经营着红火农场。这是一家前景良好的有机农场，位于马萨诸塞州的格兰比。

热爱工作的原因：

瑞恩从小便一直进行园艺种植方面的锻炼。现在，他拥有了可以按照自己的想法耕种的土地，这令他非常满意。

对本书规则的运用之道及职场经历：

很多人都有一个美好的田园生活梦。在他们的想象中，天气是晴朗的，人们待在户外，而且远离现代办公室的纷扰。然而，只要你在红火农场与瑞恩待上一段时间，这样的光环很快便会消散。你会发现，农场经营是份艰苦的工作。天气不是像度假时那样用来享受的，而是一股随时会影响作物生长的破坏力。在这里谈不上什么“远离现代纷扰”，农场经营者也是商人——商人总要收发邮件、做表格、使用记账软件等。瑞恩热爱自己的工作，不是因为他可以待在户外或者不用收发邮件，而是因为不管在工作内容还是在工作方式上，他都拥有自主力。

根据规则三部分的论述，这一特质对打造自己热爱的工作起到至关重要的作用。就瑞恩的经历来说，有一点很重要，那就是：他不是突然有一天就坚信种地能赋予他良好的自主力，然后就买了一些土地；相反，他认识到自主力与任何有价值的职业特质一样都需要职场资本才能得到。带着这样的想法，他积累了超过 10 年的农业技能，然后才开办了自己的农场。最初，他在父母的花园里种植，并在路边销售产品。之后，他通过开展更大规模的种植项目慢慢提升了自己的能力。后来，他离开家，去了康奈尔大学学习园艺。同时，他从一个当地的农场主那儿租种土地。直到取得学位后，他才申请贷款买了自己的第一块地。考虑到他的技能，他的新农场能够发展起来也没什么可意外的。他的例子完美地说明了自主力的价值以及耐心在获取资本上的重要性——只有经历了这个过程，你才能在事业上获得此项特质。

规则三中介绍

露露·扬

当前工作：

露露是一名程序员、自由职业者。

热爱工作的原因：

露露喜欢有挑战性的软件开发项目，但她还喜欢对自己的生活拥有自主力，包括工作时间、工作内容以及工作方式。作为一名自由开发者，她拥有需求紧俏的技能，因而能够维持这份自主力，并且还可以劳逸结合地进行很多休闲活动，比如去亚洲旅行一个月、接受飞行员训练或者在工作日下午陪侄子玩耍。

对本书规则的运用之道及职场经历：

和瑞恩一样，露露的例子很好地说明了自主力的价值，同时也很好地说明了如何利用职场资本来获取自主力。露露没有突然就决定要做一名自由开发者，而是首先积累了很多年的行业技能和名声。现在，她拥有足够的职场资本来按照自己设定的方式工作。然而，只要你研究一下她的经历，就会知道她的这种转变（更多的自主）不是一下子做到的。相反，随着在工作上越来越优秀，她有条不紊地取得了更多自由。

她的第一份工作是软件测试员，这是最

底层的开发工作。后来，露露研究出如何让电脑自动运行测试程序，从而获得了一些资本。这些资本让她有资格要求每周工作30小时，这样便可以在业余时间学习哲学课程。她利用自己不断增长的资本，相继就职于多家创业公司。在这些公司里，她在工作上被赋予了越来越多的自主力。再后来，她工作的公司被另一家大型公司收购，新的限制随之而来。正是到了这个时候，露露开始转向自由职业。而此时的她拥有充足的职场资本来支持自己谋求自主力。

规则三中介绍

德里克·西弗斯

当前工作：

西弗斯是一名创业家、作家及思想家。

热爱工作的原因：

西弗斯在事业上获得了很多成功，这让他现在可以去自己想去的地方生活、开展自己觉得有意思的项目，并且在想工作时才工作。他对自己的生活拥有完全的自主力，并且充分利用了这份自主权。

对本书规则的运用之道及职场经历：

西弗斯的例子再一次说明自主力对一份伟大的事业起到了决定性作用。不过，在他身上与我们的讨论最相关的是他所运用的一条法则，这条法则帮助他决定是不是应该寻求更多的自主。我将这条法则称为“财务可行性法则”。它的内容是：只有在人们愿意为之埋单的情况下，你才应当开展某个项目。假如人们不愿意，说明你可能没有足够的资本来换取自己想要的自主力。

正是在这条法则的指导下，西弗斯才得以取得当前的成功。他第一次运用这条法则是为了决定是不是应该辞去自己在华纳兄弟的工作，转而从事全职的音乐工作。他根据法则判断出直到在音乐上赚的钱抵得上自己的正职收入，他才应该辞职。他推断说，如果兼职演奏的收入无法达到和现在的工作收入差不多的水平，那么他就不可能通过全职音乐工作获得成功。接下来，他又运用这条法则创办了“CD宝贝”，最后以2 000多万的价格将其出售。然而，他并没有抛下一切去追随自己的创业雄心，而是从小处着手。在公司赚了一点点钱之后，他用这笔钱来扩大规模，让公司赚得再多一点。直到公司开始大量赚钱，他才决定去全职经营。

勇气文化催促我们在事业上要大刀阔斧

地谋求更多自主力，而西弗斯的例子提供了一个很好的检验，它说明：追求自由是好的，但很容易失败。而财务可行性法则可以指导人们顺利通过这些陷阱。

规则四中介绍

帕蒂丝·萨贝蒂

当前工作：

萨贝蒂是哈佛大学的进化生物学教授。

热爱工作的原因：

萨贝蒂的学术生涯是围绕一项使命而建立的，即利用计算遗传学来对抗世界上的古老疾病。她认为这项使命既令她兴奋又非常有意义。

对本书规则的运用之道及职场经历：

萨贝蒂的例子很好地说明了一点，那就是：围绕一项有吸引力的使命来安排自己的职业生涯，这样做很有价值。很多教授都被工作压得不堪重负，结果陷入愤世嫉俗的困境之中。然而，通过专注于某些她认为是重要而激动人心的事物，萨贝蒂避开了这个厄运。同样重要的是她如何确定自己的使命。很多人错误地认为想出一项使命很容易，不过是灵机一现的事情；还认为鼓起勇气去追求才是困难的。规则四的观点恰恰与之相反。它的观点是：真正的使命（即可以作为职业基础的使命）要求你先积累大量的专业技能，然后才能被确定下来。但是，使命一旦确定了，实现起来就往往非常容易。萨贝蒂的经历正好体现了这一点。她花了多年时间来获取技能，然后才得以确定一项使命，而这项使命成就了她现在的事业。大学毕业后，她继续攻读遗传学方向的博士学位。另外，由于不确定到底该如何度过自己的人生，她还去读了医学院。直到完成了医学院的学习并且做了一段时间的博士后之后，她才最终拥有足够的专业技能，同时确定了这项激动人心的使命。总体而言，萨贝蒂最重要的一项投入是耐心。她并没有打算给自己的职业生涯硬安上一个方向，而是不断积累自己的职场资本，并且持续关注一些有趣的方向，因为她知道在此过程中总会有所发现。

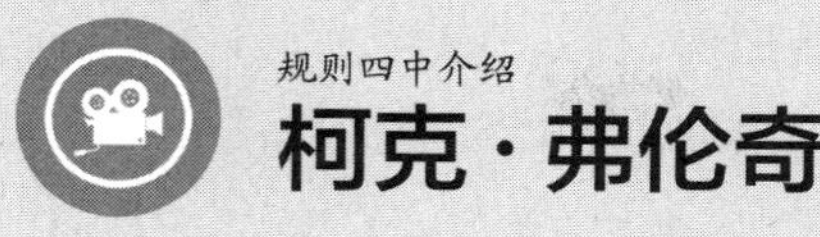

规则四中介绍

柯克·弗伦奇

当前工作：

弗伦奇是宾州州立大学的考古学教授，与别人一起主持探索频道的一档节目。这档节目让他可以周游全国，帮助人们了解家中纪念物和传家宝的历史意义。

热爱工作的原因：

作为一名教师，弗伦奇一直对传播现代考古学知识很感兴趣。他曾在一部有关玛雅文化（这是他的专长）的纪录片中接受过采访。从那以后，他便对媒体产生了兴趣，想以此为载体来普及考古学。于是，上电视成了将这些兴趣变为现实的绝佳途径。

对本书规则的运用之道及职场经历：

弗伦奇以普及考古学知识为使命来开展自己的事业。在这项使命的帮助下，他把一份枯燥甚至让人不堪重负的学术事业变成了冒险和成就感的开始。与萨贝蒂的情况一样，这项使命首先要求的也是职场资本。对弗伦奇来说，这种资本的表现形式是他的博士学位。不过，他的经历还突出体现了规则四所提到的成功实现使命的两种策略之一的价值。

弗伦奇并非突然间就想到要主持电视节目。相反，他通过一系列“小赌”才找到了自己使命的大致构想，即普及考古学。很多这样的项目都失败了，比如他曾打算集资拍摄的一部纪录片。但是，失败也很重要，因为它们帮助弗伦奇把注意力从不会有成果的方向上转移开。最后，正是其中一项“小赌”直接把他推上了自己的电视节目。当时，有个匹兹堡人声称在郊外的自家土地下挖到了圣殿骑士团的宝物，于是弗伦奇决定去探访一下这个家庭，并拍下了这个过程。不久之后，一位制片人给弗伦奇所在院系的负责人发邮件，想为一部考古主题的电视节目寻找灵感。弗伦奇看到了这封邮件，并把他探访“圣殿骑士团宝物”的录像寄给了那位制片人。制片人很喜欢这份录像，很快便推出了一个节目创意，并且指名要弗伦奇来主持。积累专业技能从而确定一份高质量的职业使命，这是充分利用“使命”的第一步。接下来，正如弗伦奇的经历所说明的，运用一系列“小赌”摸索出实现使命的最佳方法，这便走好了第二步。

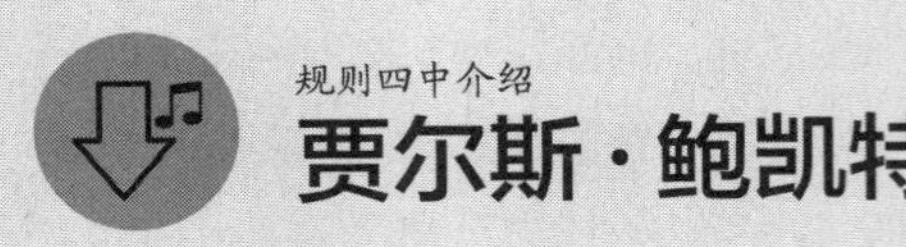

当前工作：

鲍凯特是一位著名的 Ruby 程序设计师。凭借自己的名气，他追随一时的兴趣换过很多工作。他曾在美国顶尖的 Ruby 工作室工作过，也曾完全靠写博客的收入生活，还帮助过一位好莱坞明星开办了一家基于网络的娱乐公司。最近他开始了一本书的创作。

热爱工作的原因：

贾尔斯·鲍凯特是个异常活跃的人，因此一旦原来有趣的工作让他感觉无聊，他便跳到另一份有意思的工作上去。这种换工作的频率完全符合他注意力常常快速转移的特性。只要和他相处一段时间，你便会意识到：假如因为经济上的需要而被迫长期朝九晚五地从事一份传统的工作，他将会过得有多凄惨。

对本书规则的运用之道及职场经历：

鲍凯特的例子再一次说明使命可以作为伟大事业的基础。在这个案例中，他的使命是将艺术世界和 Ruby 编程世界结合起来。最后，他发布了“始祖鸟”程序（一款可以自行编曲、演奏的开源软件），从而实现了这一使命。这款软件为他在圈内树立了名声，而且从那时起一直到现在，这份名气让他得以保持一个动态的职业发展轨迹。

与萨贝蒂以及弗伦奇一样，鲍凯特也需要先有职场资本，然后才能确定自己的使命。他认真研究、演奏音乐，还花了多年时间来培养自己的编程技能，这样才有了足够的专业技能，从而看到将两者结合起来的可能性。不过，他的经历还描述了规则四所提到的成功实现使命的第二种策略，我称之为“引人注目法则”。它的内容是：一个好的使命驱动型项目应该在两方面是引人注目的。首先，它必须迫使人们注意并评论它。其次，它必须在一个利于这种评论发生的场合启动。这两条规则让鲍凯特萌生了创造“始祖鸟”的念头。他意识到一段能生成复杂音乐的代码会非常引人注目，同时他还想到开源软件社区具有传播有趣项目的良好基础，是发布该软件的理想场合。在这两点的共同作用下，他的项目以及他的职业使命才得以成功完成。

致谢

决定写这本书的原因要追溯到我在自己的博客上发表的一系列针对激情假设的博文。这些博文立即获得了读者们的大量反馈。在这些反馈的帮助下，我专门就这一话题进行了思考，并形成了自己的想法。读者的反响还让我相信这场讨论值得与更多人分享。正因如此，我要感谢他们的鼓舞，让我得以开展这个项目。

到了这个时候，也该我的出版团队出场了。劳丽·阿布可梅耶尔（Laurie Abkemeier）是我长期的经纪人、导师。她发挥了神奇的作用，帮助我把各种想法凝聚成一本书的方案。这本书最后落到了 Grand Central / Business Plus 的里克·沃尔夫（Rick Wolff）手里。对于这个变化，我再高兴不过了。里克是那种作家们都期待遇到的编辑。他从心底里理解我的想法，并且对此热情不减。在他的帮助下，我得以恰当地将书中这些刺耳的观点以人们可以接受的方式表达出来。本书因他的努力而更加优秀，这是不争的事实。

最后，本书写作过程中必不可少的一个人便是我的妻子朱莉（Julie）。她不仅看了我的每篇草稿，而且还听我没完没了地唠叨自己的想法，并总能真诚地提供清晰的反馈。除了她，我的朋友本·卡斯诺查（Ben Casnocha）也同样付出了努力。在我写这本书时，他也构思、签约并创作了一本职业建议方面的书，这让我们自始至终可以进行很多场讨论并彼此都受益匪浅。

SO GOOD THEY CAN'T IGNORE YOU

译者后记

湛庐文化的编辑邀我试译这本书时，我立马就答应了，但后来又有点担心。为什么呢？因为这本书里讲的观点对很多人来讲是“政治不正确的”，比如“不要追随自己的激情”。这在乔布斯之类的鸡汤文横行、一大批男女老少打着“创业、创新”旗号挥霍激情的大背景下，显得着实有些刺耳。

但只有退潮了才能看出谁是在裸泳，再会飞的猪风向变了也得摔个嘴啃泥，大国总理也号召“培育精益求精的工匠精神”，而“工匠思维”“技能制胜”“自主力”“使命感”正是本书所强调的。于是，这本书又有了出版的现实意义。

在翻译这本书的时候，我人还在鲁昂——法国北部的一个城市，说起来还是诺曼底大区的首府。当时，我在 NEOMA 商学院的 MBA 课程已经结束，到了找实习、写论文的阶段。我搬到鲁昂市政厅后面的一间小屋子里，隔壁就是市政厅的后花园。每天，我都要去花园里散散步，隔一两天就去塞纳河边跑跑步。我的跑步习惯就是在那个时候养成的。

我开始全身心投入这本书的翻译中去。期间的生活是规律的：翻译一散步—翻译—跑步—翻译，再加上每周两次的食品采购和偶尔的同学小聚。市政厅花园很漂亮，有喷泉，有草坪，还有各种花。草坪是可以践踏的，三三两两的人或坐或躺在上面晒太阳。我一般坐在凳子上晒，看看花、看看草，有时也带本书，而我散步时也是一副思索的样子，踱着步子慢悠悠地钻进一间老房子里，便不见出来——我大概可以体会出一位以写作为生的作家的生活应该是什么样子。为了装“作家”装得更像一些，也因为屋子里实在是冷（其实那时候是盛夏，但鲁昂的夏天可比秋天），我会挪到咖啡馆里。不过这种“装”法是个彻头彻尾的失败，因为周围的咖啡馆都是用来喝酒喝咖啡聊天的，只有我一个人很奇怪地在敲着电脑。没办法，自己的窝里实在是冷。

翻译是一件痛苦的工作——这话我对谁都这么说。寂寞、伤脑、患得患失、战战兢兢……前面说过，那段时间的生活很规律，也很封闭，偶尔的同学小聚就是难得的社交活动，而且经常一个星期跟外人说的话不超过 10 句：“你好！”“多少钱？”“谢谢！”“再见！”（一周两次购物，每次四句话。）曾经有一次见一位校友了解一下去缅甸实习的情况，我告诉她这是我一个月来说话最多的一次，她看我像看一头怪物。法国人很爱聊天，拿着酒杯站在路边就能从下午 4 点聊到晚上 8 点；等到餐馆开门，一边吃饭再接着聊，一直聊到十一二点。所以，在那样一个环境里，我就是一朵来自东方的神秘“奇葩”。

不是我愿意把自己封闭起来，而是翻译的活儿实在烧脑：要反复推敲原意、结构、词汇、表达；遇到不属于自己原有知识领域的内容，要查找各种资料，极快速地学习、求证；还要跟得上原作者的思维。原书作者卡尔·纽波特是计算机科学的助理教授、麻省理工博士，受过严格的逻辑训练，而我既不是教授也不是博士，只不过认得 26 个字母，却要尽量还原他的逻辑。所以，我只能尽可能地排除干扰、保持思索的连贯性。于是，鲁昂市政厅的后花园里会时常有一个眉头紧皱的中国人在散步。

即使如此，你还不能百分百保证原书作者想要表达的东西已经被准确地表达出来。毕竟，你不是他。于是，在翻译过程中总会患得患失：这个词添上吧，累赘，拿掉吧，原文里真有；生怕漏了什么重要信息，生怕曲解了原作者的意思，生怕误导了读者……总不得随心所欲。其实，这也许只是我自己的风格，别人也许不那么拧巴。我只希望能让读者们少一些拧巴。

这种痛苦的状态是众多更优秀的人所必须经历的，比如书中对乔丹·泰斯练习吉他的描述，但却不为外人所知。所以，我们看不到别人的付出，总以为成功得来不费工夫；我们总觉得自己有足够的"职场资本"（见本书第 4~7 章），应该有更好的工作和生活；我们总抱怨命运不公，却看不到一个又一个的"自主力陷阱"（见本书第 8~11 章）……

但有的人就能看得穿，比如游艺，她也是我那段时期见过面、说过话的几个人之一。当我费老大劲啰里八嗦地给她讲书里的内容，她一两句话就概括了我要表达的意思，然后剩下愚笨的我愣在那里回味那两句话。我原以为自己在啃着一本深奥难懂的书，书中的意思难以言表、只可意会，然而她几句话便让我明白：是我自己陷了进去。顿时，我真想抽出书来砸她脸上：你来翻吧！游啊游，你真是一个精灵般的存在。她是那个寒冷的夏天里稀缺的一团火热。

当时待在鲁昂的还有几个小伙伴。有一次，和曹静姐姐、王亚楠一起在街边喝东西，也和她们讨论起书中的观点。她们觉得挺有意思，表现出迫不及待想看到书出版的样子。这让我很受鼓舞。

我还清晰地记着其他几次小聚。跟齐雪静在市区的一家小餐馆吃饭；跟谢杉走过市政厅的花园。在我离开鲁昂的时候，行李袋破了，谢杉急急忙忙坐着地铁赶在火车门关闭前递来一个袋子。"老罗"罗宏文搬去了巴黎，但偶尔回鲁昂和球队踢球，所以也能见几次，吃吃"烤爸爸"——土耳其烤肉夹馍，留学狗的真爱。还有其他几个人，篇幅不够了，都记心里。幸亏有你们调剂着苦涩的翻译生活，否则现在想起来心里只有苦。

张宝

2016 年 4 月于北京

SO GOOD THEY CAN'T IGNORE YOU

阅读指南

精读指路人
脑力工程师 孙路弘

不是情怀的阅读手记

《优秀到不能被忽视》一书共有 4 个规则，15 章，我在其中留下了 12 个脚印。这 12 个脚印散布在章节的后面，它们由文字、图形及连接线相互结合而成。这些脚印不是情怀的痕迹，而是阅读的心路，某种意义上说，也不是阅读的心路，而是思绪的印迹。

第一，遵循原书，原作者的思绪，如同进山后眼睛盯着路上时而出现的闪亮一样，我提炼了书中的人物、人物经历的事件，以及散落的作者观点。

第二，重新组织路上捡到的闪亮，有的太耀眼，就放在中间，让稍微黯淡的节点分布左右，衬托、烘托、簇拥出一个语意的链条，形成新的含义。

第三，话题重建工作。就是将作者个人的很多看法联系起来，通过人物和事件，变换各种串联的方式，把作者自己的术语当作桥梁，搭建起透彻理解的通途。

每个章节的淳朴脑图，都代表了我自己阅读图书的基本方法。提炼关键术语，组建术语之间的关系，重建话题之间的联系，然后生成自己对这本书的领悟，这个领悟深入到不能被忽视。于是，呈现到了读者，您的眼前。

对我来说，这个读书的套路早已熟门熟路。18 年前，我就曾这样恶搞过《影响力》。后来，“明媒正娶”了以后，我又好好地解读了《影响力》——

变换新的法子，解构影响力，如同庖丁一样，同样一只牛，变化了多种方法后，那种超级模式就自然生成了。所以，我一下就记住了好多人都难以记住的一个英文单词——“Genius”，割（Ge）了太多的牛（nius），肯定就是genius。

读者，您，肯定上过学，读过书，那么，有人教过你读书的方法吗？是不是老师都替你读了以后，直接告诉你意思？如果是这样，那你是从老师的嘴里学的知识，或者是看书识字的时候学的知识，可你学过读书的方法吗？

从这本书的12个脚印开始吧，顺着走一趟，看看，有什么心路感受……

一本书的难度指数

如同体操动作都有不同的难度指数，每一本书也有自己的难度指数。我们不妨笼统地回顾一下自己阅读过的图书，思考如下几个问题：

1. 有多少本书是从头到尾读完的？
2. 有多少本书是只翻开阅读了一部分的？
3. 有多少本书是从头到尾都读完，且读了两遍以上的？
4. 有多少书是第一次没有读完，过了一段时间又再次拿起，本已下定决心要读完，却还是没有读完的？
5. 有多少本书是全部读完了，没过多久，却已经几乎不记得其中的内容了？

几乎人人都有过与以上 5 个问题类似的体验，并且次数还不少。这些问题引发的回答，能够使我们有什么思索呢？

你对自己的阅读能力非常沮丧吗？至少你现在可以理解，不同的图书有不同的难度，这就好比与人打交道，不同的人交往的过程是不同的，有的人难以接近，有的人自来熟。图书也是，每本书都有自己的难度。

例如，随便翻开一本书，翻到某一页，从第一行开始阅读到最后一行。阅读下来，遭遇了不少人名、地名、特定的术语（比如“认知”就是一个特定的术语，“管窥”也是一个特定的术语），如果这些人名、地名、术语你都跳了过去，就不会完全理解作者提到这个地方的意思，提到这个人物要表达的想法，也没有吃透术语的内涵以及外延。如果这样的事情在一页中超过三个，那这本书对你来说难度就算较大的了。

如果从 24 个指标评估一本书，每个指标都有 5 个等级，综合起来，一本书就可以得到一个从 5 到 24 的数字，这就是一本书的难度指数。比如，你眼前这本书的难度指数是9。24个指标包括术语频率，外国地名频率，一个段落最多的字数，段落中最长句子的出现频率等，一共涉及24个元素，这里就不一一诠释了。

你眼前这本书的难度是9，如果你阅读起来感觉顺畅自如，5天内完成了阅读，并且书前的10个问题，你可以得到40分，祝贺你，你的阅读水平不低于10。每个人有自己的阅读水平，一共24级。只能读读绘本的四岁孩子，其阅读水平就是一级；小学三年级，差不多达到二级；六年级应该可以达到三级；高中毕业生可以达到6级左右；大学本科毕业生，应该是8级左右的水平。如果你是8级，阅读这本书会有一定的挑战，不会非常顺畅，对书中意思的理解程度应该可以达到70%以上。

以后读书，要考虑一本书的难度指数。对其，你可以做简单判断：自己不能连续阅读超过20页，这本书难度高于你的阅读水平，可以放弃。如同一个成年人的篮球框对一个幼儿园的小朋友一样，要放弃。

尝试打开这本书，一口气阅读20页，然后尝试回答选择题。试一试，自己的阅读水平高于还是低于这本书的难度指数。

读者的阅读水平

读者的阅读水平也有 24 个因素，通过这 24 个因素，能够评估出每一个读者的阅读理解能力。这些因素包括阅读的速度，对知识性信息的准确理解的比例，对书中涉及到的人物关系的认识，一级重要事件的长因果、短因果的把握准确性等。

针对这 24 个因素，每个因素都有 5 个级别，形成从 0 到 24 级的不同阅读水平。如果通过评估，你的阅读等级是 12，你当然可以自如地阅读眼前这本书。这本《优秀到不能被忽视》的难度指数是 9，只要你的阅读水平级别超过 9，阅读这本书就会觉得容易，你的理解与原书本意的吻合度能够达到 80％左右。

通过这本书前面的 10 道测试题，能够得到一个分数，这个分数可以部分反应出你的阅读等级。当然，这只能当作参考。一个人的阅读水平等级的严格测定，需要通过 10 本书来测定，尤其是要用难度到 18 的图书来测试。比如《金字塔原理》这本书的难度指数在 20，你能够阅读多少页，并能够理解多少意思，且能否用自己的话讲出来，这都能用来评测你的阅读水平。这样的测试，能够比较客观、准确地表现你的阅读水平等级。

对阅读水平等级的严格判定，还需要测试者提交指定图书的阅读笔记，笔记字数从 500 字到 5 000 字要求不等。这也能够反应出你的阅读能力。

不同阅读能力的人应该阅读相应难度的图书，而不能阅读太简单的，比如小儿书，也不能阅读太难的，比如《失控》等。只有阅读与自己的阅读能力匹配的图书，才能够通过阅读获得最贴切的内容，才能通过读书改善生活，以及提高自己的能力。

当你还无法判断自己的阅读水平时，一个简单的测试方法就是，不间断地阅读某本书的30页，然后，看自己是否还能够掌握书中的脉络，如果还可以，那么这本书的难度与你的阅读水平就基本匹配。如果过两天再捡起来，发现不能从中断的地方接着读下去，说明其难度可能高于你的阅读水平了。这时就应该先放一放，以提高自己的阅读理解水平为第一目标。

未来，属于终身学习者

我这辈子遇到的聪明人（来自各行各业的聪明人）没有不每天阅读的——没有，一个都没有。巴菲特读书之多，我读书之多，可能会让你感到吃惊。孩子们都笑话我。他们觉得我是一本长了两条腿的书。

——查理·芒格

互联网改变了信息连接的方式；指数型技术在迅速颠覆着现有的商业世界；人工智能已经开始抢占人类的工作岗位……

未来，到底需要什么样的人才？

改变命运唯一的策略是你要变成终身学习者。未来世界将不再需要单一的技能型人才，而是需要具备完善的知识结构、极强逻辑思考力和高感知力的复合型人才。优秀的人往往通过阅读建立足够强大的抽象思维能力，获得异于众人的思考和整合能力。未来，将属于终身学习者！而阅读必定和终身学习形影不离。

很多人读书，追求的是干货，寻求的是立刻行之有效的解决方案。其实这是一种留在舒适区的阅读方法。在这个充满不确定性的年代，答案不会简单地出现在书里，因为生活根本就没有标准确切的答案，你也不能期望过去的经验能解决未来的问题。

而真正的阅读，应该在书中与智者同行思考，借他们的视角看到世界的多元性，提出比答案更重要的好问题，在不确定的时代中领先起跑。

湛庐阅读 App：与最聪明的人共同进化

有人常常把成本支出的焦点放在书价上，把读完一本书当作阅读的终结。其实不然。

时间是读者付出的最大阅读成本

怎么读是读者面临的最大阅读障碍

“读书破万卷”不仅仅在“万”，更重要的是在“破”！

现在，我们构建了全新的“湛庐阅读”App。它将成为你“破万卷”的新居所。在这里：

- 不用考虑读什么，你可以便捷找到纸书、电子书、有声书和各种声音产品；
- 你可以学会怎么读，你将发现集泛读、通读、精读于一体的阅读解决方案；
- 你会与作者、译者、专家、推荐人和阅读教练相遇，他们是优质思想的发源地；
- 你会与优秀的读者和终身学习者为伍，他们对阅读和学习有着持久的热情和源源不绝的内驱力。

下载湛庐阅读 App，
坚持亲自阅读，
有声书、电子书、阅读服务，
一站获得。

湛庐阅读App

思想者的声音图书馆

倡导亲自阅读

不逐高效，提倡大家亲自阅读，通过独立思考领悟一本书的妙趣，把思想变为己有。

阅读体验一站满足

不只是提供纸质书、电子书、有声书，更为读者打造了满足泛读、通读、精读需求的全方位阅读服务产品——讲书、课程、精读班等。

以阅读之名汇聪明人之力

第一类是作者，他们是思想的发源地；第二类是译者、专家、推荐人和教练，他们是思想的代言人和诠释者；第三类是读者和学习者，他们对阅读和学习有着持久的热情和源源不绝的内驱力。

CHEERS

以一本书为核心

遇见书里书外，更大的世界

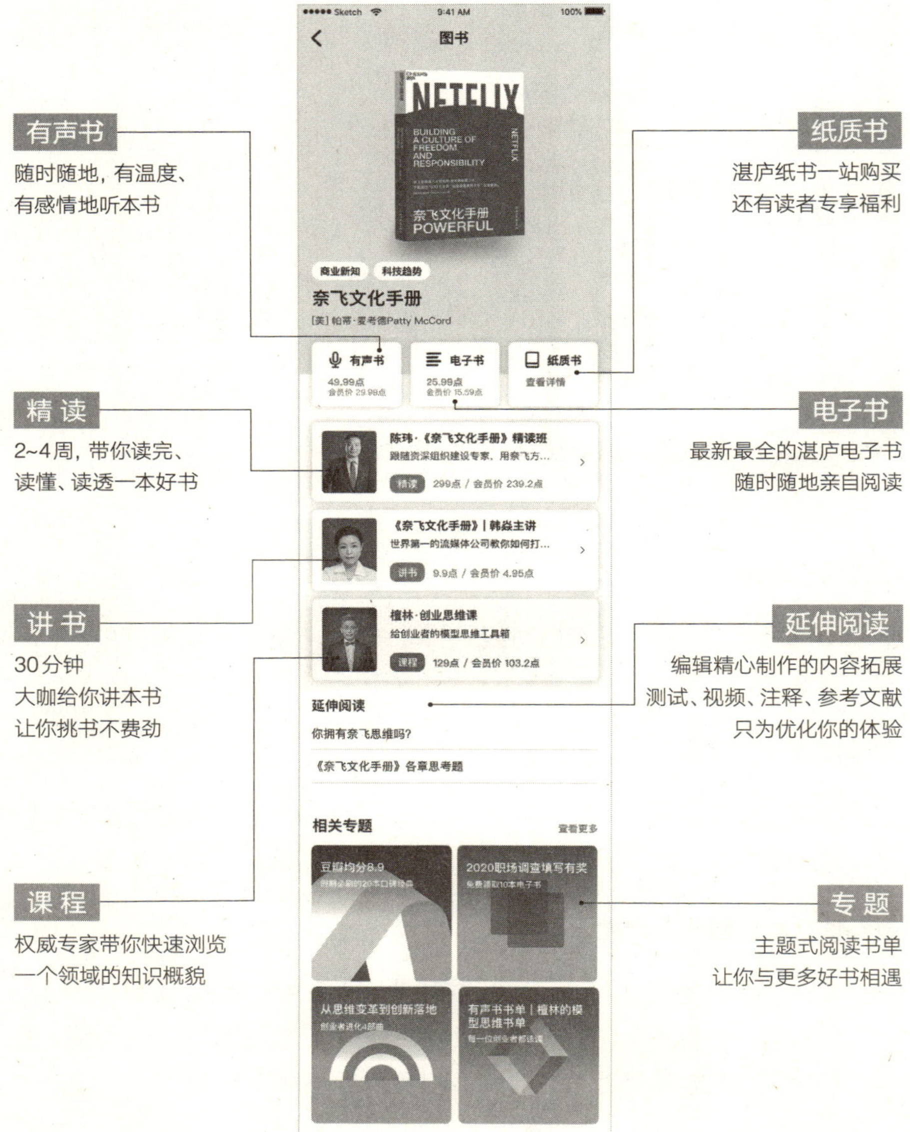

湛庐文化获奖书目

《爱哭鬼小隼》
国家图书馆"第九届文津奖"十本获奖图书之一
《新京报》2013年度童书
《中国教育报》2013年度教师推荐的10大童书
新阅读研究所"2013年度最佳童书"

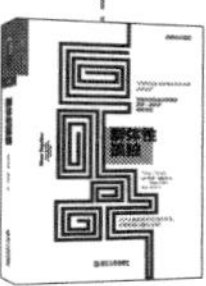

《群体性孤独》
国家图书馆"第十届文津奖"十本获奖图书之一
2014"腾讯网•啖书局"TMT十大最佳图书

《用心教养》
国家新闻出版广电总局2014年度"大众喜爱的50种图书"生活与科普类TOP6

《正能量》
《新智囊》2012年经管类十大图书，京东2012好书榜年度新书

《正义之心》
《第一财经周刊》2014年度商业图书TOP10

《神话的力量》
《心理月刊》2011年度最佳图书奖

《当音乐停止之后》
《中欧商业评论》2014年度经管好书榜•经济金融类

《富足》
《哈佛商业评论》2015年最值得读的八本好书
2014"腾讯网•啖书局"TMT十大最佳图书

《稀缺》
《第一财经周刊》2014年度商业图书TOP10
《中欧商业评论》2014年度经管好书榜•企业管理类

《大爆炸式创新》
《中欧商业评论》2014年度经管好书榜•企业管理类

《技术的本质》
2014"腾讯网•啖书局"TMT十大最佳图书

《社交网络改变世界》
新华网、中国出版传媒2013年度中国影响力图书

《孵化Twitter》
2013年11月亚马逊（美国）月度最佳图书
《第一财经周刊》2014年度商业图书TOP10

《谁是谷歌想要的人才？》
《出版商务周报》2013年度风云图书•励志类上榜书籍

《卡普新生儿安抚法》（最快乐的宝宝1·0~1岁）
2013新浪"养育有道"年度论坛养育类图书推荐奖

Cal Newport. So good they can't ignore you: why skills trump passion in the quest for work you love

图书在版编目（CIP）数据

优秀到不能被忽视 /（美）纽波特著；张宝译. —北京：北京联合出版公司, 2016.4（2025.4重印）

ISBN 978-7-5502-7514-0

Ⅰ. ①优… Ⅱ. ①纽… ②张… Ⅲ. ①企业管理 Ⅳ. ①F270

中国版本图书馆CIP数据核字（2016）第069354号

著作权合同登记号

图字：01-2016-1957

上架指导：畅销书 / 职场励志

优秀到不能被忽视

作　　者：[美] 卡尔·纽波特

译　　者：张　宝

选题策划：湛庐文化

责任编辑：侯娅南

封面设计：湛庐文化 李新泉

版式设计：湛庐文化 蒋碧君

北京联合出版公司出版

（北京市西城区德外大街 83 号楼 9 层　100088）

天津中印联印务有限公司印刷　　新华书店经销

字数 186 千字　710 毫米 × 965 毫米　1/16　15 印张　1 插页

2016 年 5 月第 1 版　2025 年 4 月第 16 次印刷

ISBN 978-7-5502-7514-0

定价：45.90 元
